LA THÉORIE

DE LA

PATHOGÉNIE FONCTIONNELLE

des déformations

PAR LE PROF. **Julius WOLFF**

(DE BERLIN)

Traduit de l'Allemand

PAR LE Dr **M. BILHAUT**

CHIRURGIEN DE L'HOPITAL INTERNATIONAL

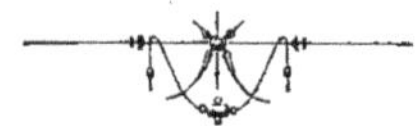

ALEXANDRE COCCOZ, EDITEUR

11, Rue de l'Ancienne Comédie, Paris

—

1897

LA THEORIE

DE LA

ATHOGÉNIE FONCTIONNELLE

des déformations

PAR LE PROF. **Julius WOLFF**
(DE BERLIN)

Traduit de l'Allemand

PAR LE Dr **M. BILHAUT**

CHIRURGIEN DE L'HOPITAL INTERNATIONAL

ALEXANDRE COCCOZ, EDITEUR

11, Rue de l'Ancienne Comédie, Paris

—

1897

La Théorie de la Pathogénie fonctionnelle des Déformations

Dans ce travail, je me propose d'établir plus complètement que je ne l'ai fait jusqu'à présent, la théorie que j'ai émise en 1884, sur la pathogénie fonctionnelle des déformations (1). C'est une partie de la théorie générale de la forme fonctionnelle des os.

En premier lieu, j'aurai à soumettre à un nouvel examen la théorie dite « *de la pression* », théorie qui, jusqu'à ce jour, a été considérée comme la base de tous les actes d'interprétation de l'étiologie des déviations osseuses.

En second lieu, après avoir jeté un coup d'œil rapide sur la théorie générale de la forme fonctionnelle des os, j'ajouterai une nouvelle série de preuves, aux affirmations anciennes sur lesquelles j'ai basé la théorie de la pathogénie fonctionnelle des déformations.

Enfin, j'aurai à examiner les objections formulées jusqu'à présent par certains auteurs contre cette théorie, ainsi que les confirmations dont elle a été l'objet.

I

Théorie de la pression

En 1890 (*Archiv für Klinische Chirurgie*) et en 1892, dans mon ouvrage sur la loi de la transformation des os, j'ai cherché à fournir la preuve de l'erreur que comporte la théorie de la pression, en vertu de laquelle on admet l'atrophie osseuse par augmentation de la pression et de l'hypertrophie osseuse par suspension de la pression. Mes conclusions découlent de considérations mathématiques anatomiques et cliniques.

(1) Les causes et le traitement des déformations, etc. Berl. klin. Woch., 1885, n°s 11 et 12 — Mémoire lu à la Soc. méd. de Berlin, le 26 nov. 1884.

A. *Considérations anatomiques*

Quand Culmann eut découvert le rapport qui existe entre la position des trabécules du tissu spongieux et les directions des lignes de pression et de traction de la statique graphique, il fallut considérer, comme établi, *à priori*, que l'augmentation anormale de la pression ne provoque pas l'atrophie, ainsi que l'admet la théorie de la pression, mais qu'au contraire, elle détermine une formation hypertrophique de substance osseuse, à proprement parler, de tissu osseux solide, pouvant opposer une résistance suffisante à la pression accrue.

Le degré du processus hypertrophique doit, à chacun des divers points de l'os, se proportionner au degré d'augmentation de la force de la pression. Plus celle-ci est intense, à un point donné, plus est grande aussi, au même point, la quantité de substance osseuse dont la formation est nécessaire.

En même temps, on considérait comme établi que la suspenpension de la pression, au lieu de donner lieu à une formation hypertrophique, détermine au contraire, une réduction (atrophie) de la substance osseuse, par la raison qu'au point de suspension de la pression, la substance osseuse serait superflue au point de vue statique.

Il était également évident *à priori*, que la suspension de la pression et la traction ne peuvent, comme l'admet la théorie de la pression, agir dans le même sens. Car, tandis que la suspension de la pression, tout comme celle de la traction, est une cause d'atrophie, la traction, tout comme la pression, provoque au contraire, une formation hypertrophique de matière osseuse, c'est-à-dire de tissu osseux solide, pouvant opposer une résistance suffisante à la traction.

Il était en outre évident, *à priori*, que, contrairement aux affirmations de la théorie de la pression, il ne peut se produire d'un côté de l'os en voie de déformation, rien que de l'atrophie, de l'autre côté, rien que de l'hypertrophie.

La persistance et la réduction de particules osseuses déjà existantes et la formation hypertrophique de nouvelles particules — qu'il s'agisse de celles se trouvant dans l'intérieur de l'os ou d'autres se trouvant à sa surface, — ne dépendent pas, comme le veut la théorie de la pression, de l'action immédiate de la pression et de la traction, mais simplement du fait que des particules osseuses se trouvent situées à des points qui tombent dans la direction des « tensions de pression et de traction » de la statique graphique ou à des points qui correspondent aux endroits des tensions de glissement.

A tous les points où il y a tension de pression ou de traction, il y a formation hypertrophique; à tous les points où il y a tension de glissement, il y a atrophie.

En outre, la rapidité plus ou moins grande avec laquelle se développe la formation hypertrophique se règle sur la valeur quantitative, calculée par les mathématiciens, revenant aux lignes de pression et de traction, aux divers points de leur passage supposé à travers l'os chargé.

Or, le dessin de Culmann, reproduit ci-contre, représentant une grue en forme de fémur, montre que, quand il y a inflexion, les lignes de pression indiquant les tensions de pression croisent tout aussi bien le côté concave que le côté convexe de la grue, et que les lignes de traction désignant les tensions de traction présentent la même particularité. Les lignes de pression commencent en bas du côté concave et se terminent en haut, au côté convexe; les lignes de traction, au contraire, commencent en bas, au côté convexe et se terminent en haut, au côté concave. Le même dessin nous apprend, en outre, que les lacunes correspondant aux points des tensions de glissement doivent être cherchées entre les lignes de pression et de traction, aussi bien au côté concave qu'au côté convexe de la grue, et que la lacune de beaucoup la plus grande de toutes, celle qui correspond à la cavité médullaire des os, se trouve au milieu de la partie inférieure de la grue.

Il s'ensuit que, lorsque des causes pathologiques viennent à modifier la charge que supporte l'os, il faut qu'aux deux côtés de celui-ci se produisent concurremment l'atrophie et l'hypertrophie osseuses et que celles-ci ne peuvent nullement exister, l'une, exclusivement à un côté, l'autre exclusivement à l'autre côté de l'os, ainsi que l'affirme la théorie de la pression.

A cela il faut ajouter qu'en raison de la valeur mathématique des divers points de pression et de traction, c'est au côté concave de l'os en voie d'inflexion, au côté de la pression accrue, au côté où les tensions de pression et de traction ont une valeur quantitative plus haute, que la formation hypertrophique doit jouer le rôle prépondérant, et que c'est l'atrophie qui doit l'emporter au côté convexe, ou côté de la suspension anormale de la pression ; au côté où les tensions de glissement ont une valeur plus haute, les tensions de pression et de traction, au contraire, ont une valeur moindre.

Il faut donc qu'aux deux côtés se manifeste, d'une manière prépondérante, tout juste le contraire de ce que la théorie « de la pression » considérait, comme se produisant d'une manière exclusive, à l'un ou à l'autre des deux côtés.

De plus, ainsi qu'il résulte du dessin de Culmann, la valeur des tensions de pression et de traction augmente, dans les cas d'inflexion, au fur et à mesure que les divers points des courbes s'éloignent des points supérieurs A. B. de la grue, qui supportent la charge; elle diminue d'autant plus que les courbes s'en rapprochent davantage. La figure montre que, lorsque la grue est chargée aux points A B qui correspondent à la cavité cotyloïde, d'un poids de 30 kil. qui est à peu près celui que supporte le fémur de l'homme, la pression ou la traction est de 163 kil. à la périphérie de la coupe transversale inférieure (I), tandis qu'à la périphérie de la coupe transversale au haut de la grue (VIII), elle tombe à 3 kil.

Pour le tibia d'un genu valgum, par exemple, qui est porté à s'infléchir sous le poids du fémur, il en résulte ce qui suit :

Les partisans de la théorie de la pression admettent que les modifications des formes d'os, dans les cas de modifications pathologiques de la charge que le fémur fait peser sur le tibia, se manifestent principalement à l'extrémité articulaire supérieure du tibia, ou dans son voisinage immédiat ; or, il faut, en réalité, que ces modifications se produisent, au contraire, au milieu même de la diaphyse du tibia, en un point très distant de la surface articulaire. Elles y sont beaucoup plus grandes qu'à l'extrémité articulaire du tibia où les place la théorie de la pression.

Il est juste de faire remarquer, comme le fait Roux, que la question relative à la rapidité plus ou moins grande avec laquelle se produisent l'atrophie et l'hypertrophie, à des points de l'os situés à des hauteurs diverses, ne saurait naturellement s'appliquer qu'à des cas d'inflexion, par conséquent à des cas de

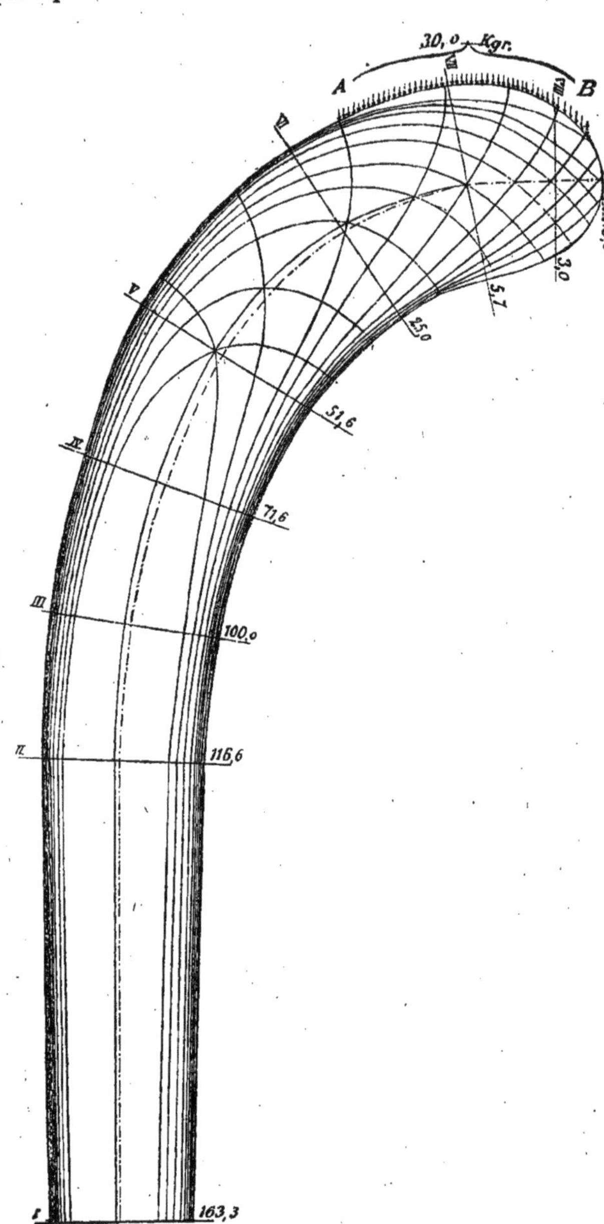

Fig. 1

scolioses des os en forme de grue, telles qu'il s'en présente dans la production de la plupart des déformations osseuses. Dans les cas où il n'y a pas inflexion, mais simplement pression et traction, il en est autrement; souvent même, c'est le contraire qui arrive. Dans ce cas, quand il y a modification du volume et de la situation de la charge, la plus forte modification de l'os peut très bien se produire dans le voisinage des points de contact de l'os chargé et de l'os qui charge.

Roux a fait remarquer en outre, que « même dans un cas d'inflexion, la modification dans la répartition de la pression et de la traction peut être au maximum dans le voisinage de la surface modifiée qui reçoit la pression; même si, à ce point, la valeur quantitative des tensions est à son minimum. »

Pour ce qui concerne la rapidité plus ou moins grande des processus à des points situés à diverses hauteurs de l'os, suivant la remarque de Roux, nous avons, en effet, affaire à deux facteurs qui peuvent se combattre. Cependant, l'examen de préparations spéciales, par exemple, de la préparation figurée dans le vol. 42, des *Archives* (p. 315), et reproduite ci-contre (fig. 9 et 10), d'un genu valgum, avec son puissant épaississement de la paroi de la diaphyse, au côté concave du tibia, et l'examen des épaississements, un peu moins marqués des trabécules du tissu spongieux, au côté concave de l'extrémité articulaire supérieure du tibia, font voir que le facteur, mis en relief par Roux et concernant l'importance des modifications nécessaires, exerce une action moindre que le premier facteur, déduit de la valeur quantitative des tensions.

Enfin, j'accorde à un autre auteur, Korteweg, que, dans l'organisme vivant, les conditions sont beaucoup plus compliquées qu'un simple examen du dessin de Culmann ne pourrait le faire supposer. Dans l'organisme vivant, par exemple, dans un cas de genu valgum, on trouve superposés deux os en forme de grue et portés à s'infléchir. En haut se trouve l'extrémité supérieure du fémur normalement arquée en forme de grue; au-dessus d'elle, le tibia que, de son côté, le fémur pousse à la flexion. Les courbes de tension de la grue supérieure se combinent donc manifestement et d'une façon très compliquée avec celles de la grue inférieure.

Pour élucider complètement ce sujet, il faudrait encore de nombreuses autres recherches anatomiques et mathématiques. Une chose doit être retenue : c'est que le résultat, quel qu'il soit, des recherches portant sur la rapidité plus ou moins grande des processus se produisant à des hauteurs diverses des os portés à s'infléchir, ne saurait manifestement changer la moindre chose à ma démonstration fondamentale établissant que la théorie de la pression est inexacte en tous points et que la traction et la pression aux différents endroits de l'os chargé, déterminent toujours juste le contraire de ce que la théorie de la pression considérait comme se produisant exclusivement aux différentes hauteurs des os.

B. *Considérations anatomiques*

Les résultats des considérations mathématiques, dont nous nous sommes occupé jusqu'à présent, n'auraient qu'une valeur conditionnelle si leur exactitude n'était pas déjà établie par la concordance des conditions anatomiques avec les destructions mathématiques.

Dans mon ouvrage sur la loi de la transformation des os, j'ai démontré par de nombreuses préparations d'os, l'existence effective de cette concordance, tant sous le rapport de l'architecture interne que sous celui de la forme externe et interne des os.

Dans toutes les incurvations d'os figurées dans cet ouvrage, parmi les causes très différentes les unes des autres, on voit que, quelle que soit celle qui détermine les diverses incurvations, qu'il s'agisse d'une fracture à guérison oblique, d'une scoliose rachitique, d'une ankylose angulaire ou d'une « déformation », dans le sens plus étroit de ce mot, il se produit toujours au côté concave des os, c'est-à-dire au côté de la pression accrue, des épaississements du tissu cortical et des condensations du tissu spongieux ; au côté convexe, au contraire, c'est-à-dire au côté de la suppression de la pression, un amincissement du tissu cortical et un ramollissement du tissu spongieux.

Pour s'en convaincre, que l'on regarde dans mon ouvrage les épaississements et la néo-formation de bourrelets de soutènement à l'arc d'Adam, dans les cas de fracture du col du fémur (fig. 22, 23, 27-34, pl. IV et V) ; les épaississements analogues de la paroi, au côté concave de la diaphyse, dans des cas de fracture siégeant au-dessous du grand trochanter (fig. 36, pl.V); les épaississements du tissu cortical au côté concave d'ankyloses angulaires, notamment d'ankyloses de l'articulation du genou (fig. 50, 51, 55, pl. VIII); d'ankyloses de l'articulation coxo-fémorale (fig. 59 et 61, pl. IX), ainsi que d'une ankylose de l'articulation du coude (fig. 58, pl. VIII); puis les épaississements au côté concave du tissu cortical, les néo-formations de tissu spongieux et les condensations de tissu spongieux d'os longs frappés de scoliose rachitique (fig. 67-74, pl. X, et fig. 77, pl. XI); les puissantes formations hypertrophiques au côté concave (latéral), dans les cas de genu valgum (fig. 78, 79, 81, pl. XI, et fig. 82, pl. XII [comparez aussi les figures ci-contre, 9 et 10]), enfin les formations hypertrophiques tout aussi fortes, au côté concave d'os longs à déformations que j'ai obtenues par voie expérimentale (fig. 85 et 87, pl. XII).

Je reviendrai plus loin sur les particularités de la vertèbre cunéiforme, elles s'accordent avec ce qui précède.

Il est évident qu'en faisant cette démonstration anatomique de l'augmentation, en toutes circonstances, de la formation hypertrophique au côté où la pression se trouve augmentée, j'ai fourni la preuve suffisante de l'inexactitude de la théorie de la « pression » ; celle-ci demande partout le contraire de ce qu'on peut, en réalité, trouver dans les préparations.

Or, il convient d'ajouter une autre preuve, tout aussi convaincante, de cette inexactitude, preuve qui ne m'a été fournie qu'après la publication de mon ouvrage sur la loi de la transformation des os.

D'après la théorie de la pression, la réduction de la hauteur des os, dans le processus des déformations, ne serait que la conséquence d'une pression accrue d'une façon anormale et exercée par l'os qui charge sur l'os chargé. De même, l'accroissement en excès de la hauteur ne s'effectuerait que par suite d'une suspension de la pression. On ne connaissait et on ne considérait comme possible aucune autre cause de réduction ou d'accroissement exagéré de la hauteur d'un os, dans la production d'une déformation, au sens exact du mot, par exemple, d'une scoliose ou d'un genu valgum.

Pour combattre cette doctrine, j'ai démontré, en 1893, que dans la scoliose la vertèbre cunéiforme subit certaines réductions et certains accroissements de sa hauteur, absolument étrangers à une augmentation ou une suspension de la pression.

Les apophyses transverses, du côté convexe de la vertèbre cunéiforme ont, ou la hauteur normale, ou plus que la hauteur normale, tandis que les apophyses présentent, au côté concave de cette vertèbre, une réduction de leur hauteur qui correspond

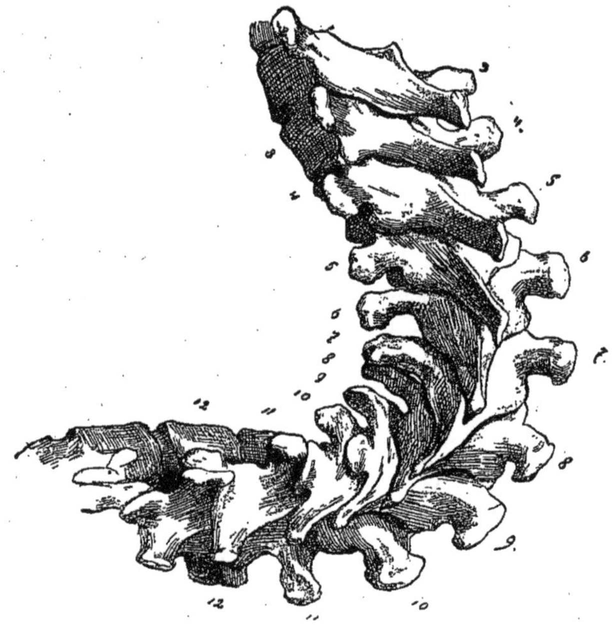

Fig. 2

exactement à la réduction de la hauteur du côté concave du corps vertébral auquel ils appartiennent. Or, comme les apophyses transverses du côté concave sont distantes les unes des autres et ne sont en général exposées à aucune pression, il s'ensuit qu'il est impossible d'appliquer la théorie de la pression à l'explication des différences de hauteur que présentent les apophyses transverses.

Les fig. 2 et 3 représentent, l'une, la figure d'une colonne vertébrale avec scoliose dorsale convexe à droite, l'autre, la figure d'une scoliose lombaire convexe à gauche.

Dans la fig. 2, qui représente la colonne vertébrale depuis la deuxième vertèbre dorsale jusqu'à la première vertèbre lombaire, la préparation est présentée de façon qu'on voie de derrière, et d'une manière particulièrement nette, les apophyses transverses des vertèbres dorsales qui ont le plus fortement dévié à droite.

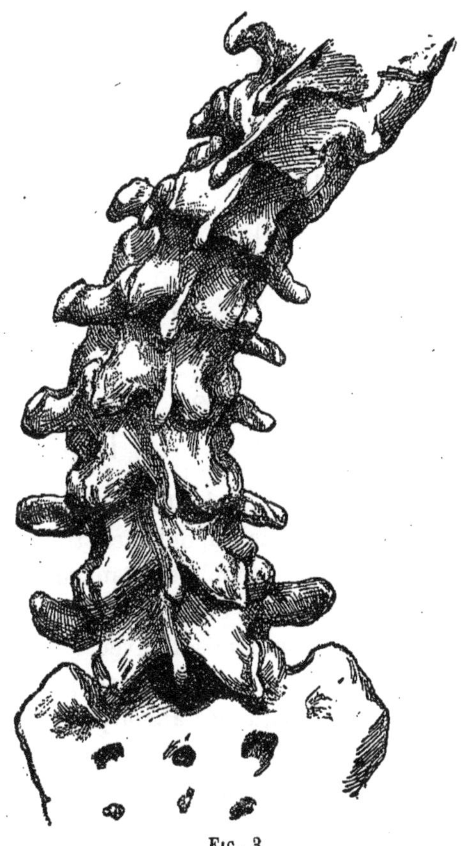

FIG. 3

Dans la fig. 3, qui représente la colonne vertébrale depuis la douzième vertèbre dorsale jusqu'aux deuxièmes trous sacrés postérieurs, la préparation est dirigée de façon à faire voir de dos et avec toute la netteté possible. les apophyses transverses des vertèbres lombaires dont la deuxième et la troisième ont le plus dévié à gauche.

Le tableau suivant donne la hauteur des apophyses transverses de toutes les vertèbres dorsales et lombaires, ainsi que la longueur des apophyses transverses depuis la 5e jusqu'à la 11e vertèbre dorsale :

VERTÈBRES	Hauteur de l'apophyse transverse au côté droit	Hauteur de l'apophyse transverse au côté gauche	Longueur de l'apophyse transverse au côté droit	Longueur de l'apophyse transverse au côté gauche
1 dorsale	8	8	—	—
2 »	10	14	—	—
3 »	11	14	—	—
4 »	11	16	—	—
5 »	13	14	22	22
6 »	14	11	22	26
7 »	13	8	22	28
8 »	16	5	24	29
9 »	17	6	19	27
10 »	16	8	23	25
11 »	9	10	20	20
12 »	8	10	—	—
1 lombaire	4	10	—	—
2 »	4	11	—	—
3 »	5	10	—	—
4 »	7	12	—	—
5 »	12	10	—	—

Le tableau indique qu'à la huitième vertèbre dorsale, où la différence de la hauteur des apophyses transverses des deux côtés est la plus grande, l'apophyse transverse du côté concave est trois fois plus basse que celle du côté convexe.

Si l'on établit une comparaison avec la colonne vertébrale d'un squelette normal, d'une taille à peu près correspondante, on constate tout de suite que les apophyses transverses du côté droit des 8e, 9e et 10e vertèbres ne conservent pas tout simplement leur hauteur normale, mais que, contrairement aux conditions habituelles, elles subissent une légère augmentation de hauteur.

En étudiant nos deux figures, on se convaincra facilement de ce fait, qu'il faut que le degré des réductions et des accroissements de la hauteur des diverses apophyses transverses, des vertèbres dorsales aussi bien que des vertèbres lombaires, dépende de causes tout autres que des effets supposés de la pression ou de la suspension de la pression s'exerçant de haut en bas.

Dans le chapitre III de ce travail, nous reviendrons sur les causes réelles de ce fait. En attendant, nous n'avons qu'à faire remarquer que le degré des réductions et des accroissements de la hauteur des diverses apophyses transverses est tout simplement déterminé par le degré d'inflexion de la portion de la colonne vertébrale à laquelle appartient la vertèbre affectée, ainsi que par les modifications dépendant de ce degré d'inflexion, des conditions d'espace du thorax aux côtés concave et convexe de l'inflexion. Plus loin, nous montrerons que l'adaptation à l'espace n'est autre chose que l'adaptation à la fonction.

Toute inflexion latérale active d'une portion quelconque de la colonne vertébrale détermine naturellement un allongement du côté convexe et un raccourcissement du côté concave de cette portion. Lorsque l'inflexion latérale n'est pas passagère, mais plutôt persistante et continue, comme dans la scoliose, il faut aussi que l'allongement au côté convexe et le raccourcissement au côté concave de la portion, infléchie latéralement, de la colonne vertébrale demeurent permanents.

La figure 2 montre qu'au côté convexe la distance entre les 4e et 12e vertèbres dorsales est devenue peu à peu plus du double de ce qu'elle est au côté concave.

Aux conditions d'espace, ainsi modifiées d'une façon persistante aux côtés convexe et concave, s'adapte le degré de hauteur des apophyses transverses qu'on peut considérer comme des apophyses musculaires et, il s'y adapte exactement, tout comme le degré de hauteur des muscles qui se trouvent placés entre les apophyses transverses. De même que les muscles se raccourcissent, comme l'on voit, d'une façon durable, lorsque la distance qui sépare leurs points d'insertion s'est amoindrie d'une manière persistante, de même se réduit la hauteur des diverses apophyses transverses, lorsque l'espace où un certain nombre d'apophyses transverses doivent trouver leur place est amoindri d'une façon persistante. C'est ainsi que, par exemple, dans l'espace amoindri, situé au côté concave, entre les 4e et 12e verbres dorsales de notre préparation, il faut que, tout comme dans l'espace situé au côté convexe, et deux fois plus grand, tiennent neuf apophyses transverses avec les muscles intertransversaires qui se trouvent entre elles, et l'on comprend que cela ne peut s'opérer que moyennant une réduction proportionnelle de la hauteur des apophyses situées au côté concave et un accroissement correspondant, et de la hauteur des apophyses transverses, situées au côté convexe, et de leurs muscles.

Bien qne ces faits soient simples et clairs, il n'en est pas moins vrai que l'exposé que j'en ai fait n'a encore reçu l'approbation de personne, pas même d'A. Hoffa, à qui nous devons, au reste, les éclaircissements les plus méritoires sur l'anatomie pathologique de la scoliose.

Hoffa est d'avis qu'on trouve sur les vertèbres complètement ankylosées la plus forte réduction de la hauteur des apophyses transverses, et que c'est pour cette raison qu'on doit considérer cette réduction comme une atrophie par suite d'inactivité. Cette manière de voir est entachée d'erreur. L'ankylose des vertèbres ne se trouve que sur des vertèbres à forte déformation cunéiforme, c'est-à-dire dans des conditions où, en même temps, le rétrécissement de l'espace laissé aux apophyses transverses du côté concave est particulièrement grand. Pour bien se convaincre que, dans ces cas, c'est le seul rétrécissement de l'espace, et non point l'ankylose, qui est la cause de la réduction de la hauteur, on n'a qu'à regarder les 7e et 8e vertèbres de notre fig. 2. Non seulement les deux corps vertébraux sont réunis de façon à former une ankylose, mais encore les apophyses transverses sont rapprochées jusqu'à présenter une union osseuse et la disparition complète des muscles intertransversaires. Malgré cela, les hauteurs des 7e et 8e apophyses transverses ne diffèrent pas essentiellement de celle des vertèbres non ankylosées; dans ce cas, comme dans l'autre, les hauteurs correspondent simplement aux conditions d'espace qui leur sont réservées.

Il serait d'ailleurs tout à fait difficile d'expliquer pourquoi, si l'ankylose des vertèbres et l'atrophie, par suite d'inactivité, étaient les causes de la réduction de hauteur des apophyses transverses, les apophyses transverses du côté convexe ne subiraient pas la même réduction que celles du côté concave.

A cela vient s'ajouter ce fait intéressant que la longueur des apophyses transverses s'adapte également aux conditions d'espace, c'est-à-dire à l'espace élargi, au côté concave, et à l'espace rétréci, au côté convexe. Notre tableau montre qu'à l'endroit de la plus forte inflexion, aux 7e, 8e et 9e vertèbres dorsales, où la différence de la distance des apophyses épineuses du bord latéral du côté concave et du côté convexe de la cage thoracique est la plus grande; la différence de la longueur des apophyses transverses est de 5 à 8 millimètres en faveur du côté concave. La longueur, au côté concave, est de 28, 29 et 27 millimètres, alors qu'au côté convexe elle n'est que de 22, 24 et 19 millimètres. Cette augmentation de la longueur au côté concave prouve simplement que les conditions où se trouvent les apophyses transverses ne sauraient avoir rien à faire avec une atrophie par inactivité.

La nouvelle hypothèse de Nicoladoni ne peut non plus s'appliquer à l'explication des conditions de hauteur des apophyses transverses. Elle attribue l'augmentation de la hauteur de toutes les parties vertébrales au côté convexe, par conséquent celle des apophyses transverses également, à un gonflement que, suivant l'auteur, la moelle, refoulée par la pression au côté concave contre la convexité, exerce sur les parties vertébrales au côté convexe. Cette hypothèse, invraisemblable en elle-même, ne se base sur rien, elle est totalement dénuée de preuves.

Roux fait judicieusement remarquer que, même si — comme ce n'est pas le cas — on pouvait démontrer que la moelle était passivement refoulée, on ne pouvait admettre l'hypothèse d'une pression interne chroniquement accrue et produite par le refoulement de la moelle sur le tissu spongieux du côté convexe. Cela paraît impossible pour cette raison qu'au plus tard au bout de quelques heures, il faut qu'il se produise une égalisation complète de la pression de toutes les parties molles contenues dans le corps vertébral, sans compter qu'un excès de pression partielle se termine plus rapidement encore par écoulement sanguin.

Les caractères que présentent les côtes dans le thorax scoliotique ont, au point de vue de la réfutation de la théorie de la pression, la même valeur que les conditions de hauteur et de longueur des apophyses transverses.

Il est clair que les conditions de hauteur des côtes, séparées les unes des autres par les muscles intercostaux, ne peuvent être déterminées par une pression ou un arrêt de la pression venant d'en haut. Les réductions de la hauteur des côtes ne peuvent être manifestement attribuées à une « atrophie par inactivité » à la suite de quelque ankylose, ni les accroissements de leur hauteur à un « gonflement » par suite d'un déplacement de la moelle.

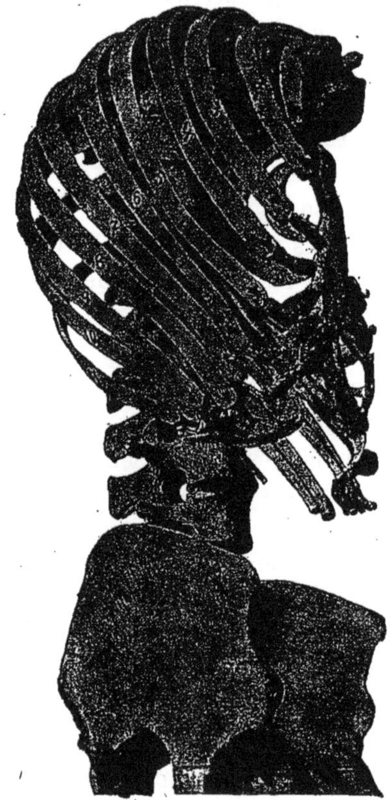

Fig. 4

La forme des côtes s'adapte, au contraire, à tous les points de leur longueur, aux conditions d'espace modifiées par l'attitude continuellement ramassée du thorax, aux côtés gauche et droit de la colonne vertébrale, et elle s'y adapte si bien, qu'à l'examen des côtes d'un scoliotique, on croirait avoir affaire à une formation molle, extrêmement flexible, facile à transformer, comme si elle était en cire à modeler.

Cela ressort des figures ci-contre représentant trois intéressantes préparations scoliotiques ection.

Les fig. 4 et 5 représentent un ensemble d'une très forte scoliose dorsale droite ; la fig. 4 le donne vu de droite, la fig. 5 vu de gauche.

Les vertèbres dorsales, un à sept, sont situées à peu près sur le même plan horizontal ; la 7e vertèbre est située à peine 2 centimètres plus bas, par contre, environ 13 centimètres plus à droite que la 1re vertèbre dorsale, et en même temps, environ 8 centimètres plus à droite que la 1re vertèbre lombaire. A partir de la 2e vertèbre lombaire, la colonne vertébrale suit perpendiculairement et normalement la ligne médiane.

Fig. 5

Le bord, au côté concave de la colonne vertébrale, mesure, entre les 4e et 11e vertèbres dorsales, environ 10 centimètres et demi, le bord du côté convexe, environ 19 centimètres. En ligne perpendiculaire, passant à environ 9 centimètres à droite du bord latéral droit du sternum et à peu près parallèlement à celui-ci, la distance, depuis le bord supérieur de la 2e jusqu'au bord inférieur de la 10e vertèbre, est de 24 centimètres ; elle est de 13 centimètres et demi en suivant une ligne correspondante, passant à environ 9 centimètres à gauche du bord latéral gauche du sternum. Cette différence de la hauteur totale entre les 2e et 10e côtes correspond à la différence de la hauteur des diverses côtes tombant dans les deux lignes perpendiculaires, — ce qui au reste résulte du tableau ci-après.

	Hauteur de la côte droite à une distance d'environ 9 c/m du bord droit du sternum	Hauteur de la côte gauche à une distance d'environ 9 c/m du bord gauche du sternum	Hauteur de la côte droite au cartilage costal	Hauteur de la côte gauche au cartilage costal
	cent.	cent.	cent.	cent.
2e côte	1,9	1,7	1,1	1,2
3e »	1,6	0,8	1,4	1,3
4e »	1,5	0,7	1,3	1,2
5e »	1,1	0,6	1,2	1,0
6e »	1,1	0,7	1,2	1.0
7e »	1,1	0,8	1,4	1,2
8e »	0,9	0,6	1,0	0,8
9e »	0,9	0,7	—	—
10e »	0,8	0,8	—	—

Par exemple, les 3e et 4e côtes sont, dans la ligne de droite, situées deux fois plus haut qu'à gauche ; la différence de hauteur est ici de 8 centimètres entre la côte droite et la côte gauche.

Au cartilage costal même, la distance entre le bord supérieur de la 2e et le bord inférieur de la 8e côte est, à droite, de 18 centimètres, à gauche de 17 centimètres et demi. Par conséquent, la différence de hauteur des diverses côtes, à droite et à gauche, est très faible et ne dépasse nulle part 2 millimètres.

Les fig. 6 et 7 représentent la remarquable préparation d'une cyphose étonnamment forte de la colonne dorsale avec scoliose droite.

La colonne vertébrale, depuis la 1re jusqu'à la 7e vertèbre dorsale, est située assez exactement dans le même plan horizontal. Dans un autre plan horizontal, situé presque immédiatement au-dessous du premier, se trouve la portion suivante de la colonne vertébrale comprise entre la 8e vertèbre dorsale et la 1re vertèbre lombaire. La distance perpendiculaire des corps se faisant face, de la 1re vertèbre dorsale et de la 1re vertèbre lombaire, est à peine de 2 centimètres ; celle des autres corps vertébraux dorsaux de la série horizontale supérieure et de ceux de la série horizontale inférieure n'est nulle part supérieure à 1 centimètre; à certains points, elle est même inférieure à 1 centimètre. Les organes thoraciques du patient ont donc dû être presque complètement repoussés hors du ressort de la colonne vertébrale dorsale et se placer devant les corps très rapprochés de la 1re vertèbre dorsale et de la 1re vertèbre lombaire.

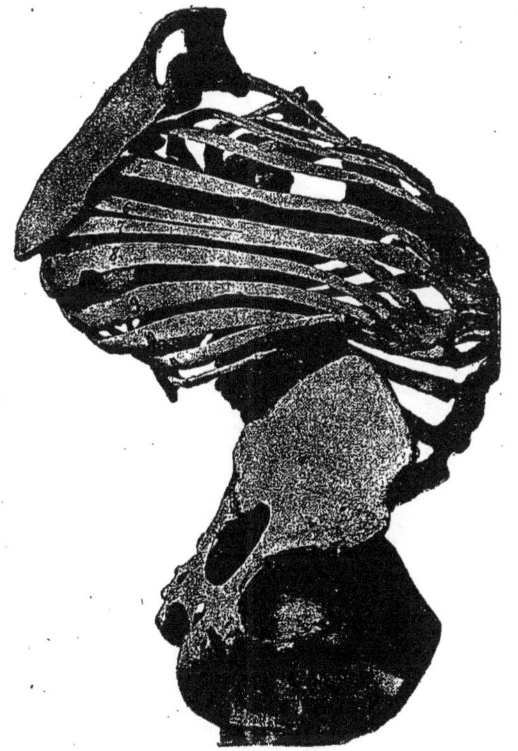

FIG. 6

En examinant la préparation de droite (fig. 6), on voit que les 6e, 7e et 8e côtes droites contournent l'énorme gibbosité du côté droit, comme si on les y eût disposées en les formant d'une matière molle. Elles s'appuient immédiatement sur les corps vertébraux. La 8e côte, au point où elle contourne les 9e et 10e corps vertébraux est, par endroits, mince comme du papier. En deux endroits, elle est usée ou perforée par les corps vertébraux qui s'avancent sur elle. De même, la 6e côte est usée. La hauteur de la 6e côte est, à l'endroit où elle s'adosse au corps vertébral, montée à 1 cent. 3 ; celle de la 7e à 2 cent ; celle de la 8e, même à 2 cent. 4. Par contre, la hauteur de la 6e côte, mesurée dans une ligne perpendiculaire située à environ 11 centimètres plus en avant, dans la région des corps, fortement rapprochés et diminuant par là énormément l'espace de la hauteur totale laissée aux côtes, des 3e et 11e vertèbres dorsales, ne donne pas plus de 8 centimètres ; celle de la 7e côte, 6 centimètres.

Fig. 7

En regardant la préparation de gauche (fig. 7), nous voyons qu'à peu près au milieu de la surface latérale gauche du thorax il n'a été laissé à la disposition de neuf côtes (de la 2e à la 11e, y compris leurs muscles intercostaux) qu'une hauteur de 8 centimètres et demi. Dans la ligne perpendiculaire susdite, la 2e côte a, par conséquent, une hauteur de 6 millim.; la 3e, de 5 millim.; la 4e, de 4 millim.; la 5e, de 7 millim.; la 6e, de 6 millim.; la 7e, de 5 millim.; la 8e, de 7 millim.; la 9e, de 7 millim.; la 10e de 10 millim.; la 11e, de 9 millim. Au contraire, à la limite du cartilage costal, où, à cause de l'énorme voussure convexe du sternum ou de toute la paroi antérieure du thorax, il ne restait à la disposition des 2e, 3e, 4e, 5e, 6e et 7e côtes qu'une hauteur de 14 cent., les mêmes côtes ont une hauteur de : 1 cent. pour la 2e, 1 cent. 2 pour la 3e, 1 cent. 2 pour la 4e, 1 cent. 3 pour la 5e, 1 cent. 6 pour la 6e, et 1 cent. 5 pour la 7e.

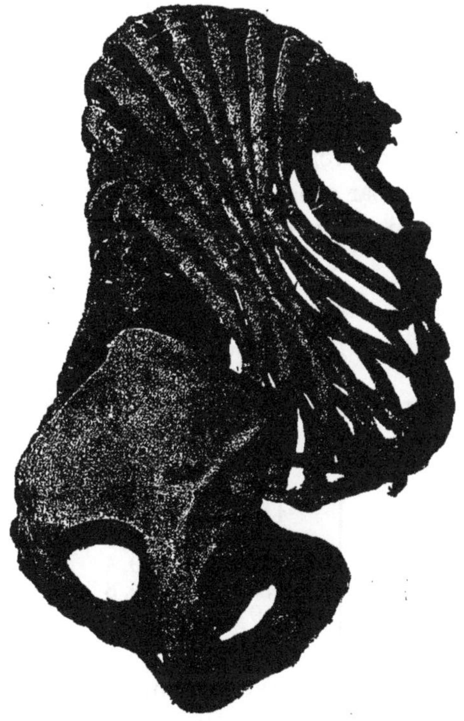

Fig. 8

Enfin, la figure 8 représente, vue de droite, une préparation de cyphose dorsale très prononcée, probablement déterminée par une ostéomalacie.

La face antérieure du corps de la 1re vertèbre dorsale est distante de celle de la 12e de 8 cent. en ligne perpendiculaire. A l'énorme convexité postérieure de la ligne des apophyses épineuses des coprs vertébraux correspond une tout aussi énorme convexité antérieure de la paroi thoracique antérieure. La 5e côte passe en ligne assez directe entre le sommet des convexités postérieures et antérieures; la longneur en est de 26 cent. A partir de la 5e, les côtes deviennent peu à peu plus courtes, dans les deux directions d'en haut et d'en bas. Les côtes supérieures ont une forme ondulée à convexité tournée en bas; les inférieures, une forme ondulée à convexité dirigée en haut.

Les parties initiales des côtes, tout près de la convexité postérieure, disposent pour huit côtes (de la 2e à la 9e) d'une hauteur de 18 cent.; les parties terminales, près de la convexité antérieure, d'une hauteur d'environ 17 cent. 1/2, tandis qu'au milieu de la surface latérale du thorax les neuf côtes, avec leurs muscles intercostaux, étaient obligées de se loger dans un espace haut de 7 cent. Le tableau suivant donne les hauteurs des diverses côtes aux divers points.

La 7e côte est, par conséquent, dans sa partie moyenne plus de trois fois moins haute qu'aux extrémités antérieure et postérieure.

	Hautr de la côte à son point d'insertion au corps vertébral	Hauteur de la partie moyenne de la côte	Hauteur de la côte à son extrémité antérieure
	cent.	cent.	cent.
2e côte	0,9	0,8	0,9
3e »	1,1	0.6	1,1
4e »	1,5	0,6	1.2
5e »	1,3	0,3	0,9
6e »	1,5	0,5	1,2
7e »	1,3	0,4	1,4
8e »	1,3	0.8	1,0
9e »	0,9	0,7	0,7

Il résulte donc des explications fournies d'abord, que la pression et son abolition quand elles entrent en ligne de compte dans la production des déformations, déterminent juste le contraire de ce qu'elles devraient produire suivant la théorie de la pression et en second lieu, que, dans la production de ces déformations il s'opère des réductions de hauteur et des accroissements excessifs de la hauteur des os que la théorie de la pression explique d'une manière inexacte, pour cette simple raison que la pression et l'absence de la pression ne jouent absolument aucun rôle dans la production des modifications en question.

Donc, bien que quelques auteurs soucieux, comme Lorenz, de sauver la théorie de la pression, soient d'avis qu'il faut qu'elle renferme quand même un grain de vérité, il n'en demeure pas moins vrai que ce grain même ne vaut pas grand chose. Ce que démontrent nos préparations, avec leur formation hypertrophique au côté de la concavité et les apophyses transverses et les côtes de nos préparations de scolioses, cela détruit tous les efforts tentant à conserver la théorie de la pression, soit en totalité, soit en partie.

C. *Considérations cliniques*

L'inexactitude de la théorie de la pression n'est pas seulement établie par les démonstrations anatomiques et mathématiques que nous venons de faire, elle l'est encore par les considérations cliniques, comme nous allons le montrer.

Comme dans mon ouvrage sur la loi de la transformation des os, j'ai déjà exposé les faits cliniques qui s'opposent à la théorie de la pression, je n'aurai, en renvoyant à cet ouvrage, qu'à me résumer.

La production des déformations par réduction ou arrêt de développement au côté de la pression augmentée et par formation hypertrophique ou exagération de la croissance au côté de la suppression de la pression, est une théorie qui ne devait, de l'avis de ses fondateurs, ne s'appliquer qu'aux os d'individus en voie de croissance. Quant aux déformations se produisant chez des individus adultes, telle que, par exemple, la scoliose survenant à la suite d'empyème, on n'avait pu, d'après la théorie de la pression, les expliquer autrement que par l'hypothèse tout-à-fait arbitraire d'une ostéomalacie inflammatoire.

Lorenz est le seul auteur qui admette que sa théorie de « l'hypertrophie primitive et de l'atrophie secondaire, par suite d'une surcharge unilatérale persistante des os, ne dépend pas de la période d'évolution ou de croissance de l'individu. » Nous reviendrons plus loin sur cette théorie que Lorenz s'est efforcé de faire passer pour le « complément de la théorie de la pression ». Disons tout de suite qu'elle ne repose sur aucun fait sérieux et que, de plus, elle est inintelligible.

En outre, une grande partie des déformations congénitales et toutes les déformations qui se développent chez des patients constamment alités ne peuvent s'expliquer par la théorie de la pression, tout simplement parce qu'il ne se produit pas en général d'accroissements de pression et de suspensions de pression s'exerçant d'en haut. Il en est de même des déformations où il ne saurait être question de pression et de suspension de la pression, en raison même de la situation anatomique des parties du corps qui en sont affectées, comme, par exemple, dans les cas de déformations du crâne par suite de *caput obstipum*.

Nous avons déjà expliqué plus haut que, dans les cas de scoliose, le degré plus ou moins grand de la déformation des vertèbres lombaires, par comparaison avec celle des vertèbres dorsales et cervicales, n'a guère rien à faire avec la pression plus forte qui porte sur les vertèbres situées plus bas. Le degré de la déformation de chaque vertèbre ne dépend essentiellement que de la grandeur de l'arc d'inflexion auquel appartient la vertèbre affectée.

Il faut ajouter à cela qu'aucun des auteurs qui ont admis que l'os, en raison de sa nature compressible, peut subir une résorption interstitielle, n'eût pu fournir la preuve qu'en réalité il puisse y avoir, pendant un certain laps de temps, un rapprochement des diverses particules osseuses, que les patients le supportent et qu'il puisse même avoir des qualités plastiques.

Il n'est pas démontré, au reste, qu'une pareille compression s'opère même dans la production du pied des Chinoises et de la tête plate des Péruviens. La pression exercée ne fait, dans ces cas, que réduire la production de nouvelles particules d'os, en limitant l'espace où ceux-ci se développent, ou bien elle met dans de fausses positions et dans de fausses directions les particules qui se forment malgré la pression.

La réduction du tissu osseux, par la pression latérale d'un

anévrisme ou d'un néoplasme malin, ne saurait non plus servir à soutenir la théorie de la pression. Celle-ci n'a affaire qu'à des os qui, en dépit de modifications pathologiques subies, continuent de fonctionner ou de servir comme organes de soutien de l'appareil moteur. Dans ces os, la formation hypertrophique et la réduction se développent suivant les besoins de la fonction et d'après des lois mathématiques.

Dans les cas d'anévrismes et de néoplasmes, au contraire, il s'agit d'une réduction qui s'effectue d'une manière simplement mécanique, sans donner lieu à une formation hypertrophique adaptée à la fonction ; d'une destruction du tissu osseux en totalité ou en partie, ou d'une destruction totale de sa fonction, mais nullement de la continuation de la fonction de l'os comprimé.

II

La signification fonctionnelle des formes osseuses en général

A la suite de mes recherches sur la signification de l'architecture intérieure des os, j'ai pu démontrer que la forme extérieure des os possède la même signification mathématique que celle qui est propre à l'architecture intérieure du squelette et que, par conséquent, l'os possède une « forme fonctionnelle » (Roux) exactement adaptée au mécanisme de sa fonction.

C'est dès 1870 (1) que j'ai reconnu et démontré les rapports qui existent entre la forme extérieure des os et leur architecture intérieure.

Dès lors, je fis remarquer qu'on doit conclure directement de la forme extérieure d'un os à la manière dont il est astreint à fonctionner, et qu'en même temps on peut savoir d'avance quelle sorte de disposition des trabécules spongieuses on doit y trouver.

Ce n'est toutefois que deux ans plus tard et à l'occasion de recherches faites sur des préparations de fractures, que je parvins à établir d'une manière précise ce fait remarquable, que la forme des os possède une signification fonctionnelle et mathématique, aussi bien à l'état normal qu'à l'état pathologique (2).

(1) Arch. de Virchow, vol. 50, p. 419.

(2) Wolff. Contr. à la théorie de la guérison des fractures. Arch. f. klin. Chir., vol. 14, 1872.

Je mettais alors (1) en fait : que toutes les conditions de mutation intra-organique des os sont uniquement déterminées par la fonction (2); que la production de la forme des os normaux, tout aussi bien que des os se régénérant dans des conditions pathologiques, n'est toujours et partout que la chose secondaire ; qu'au contraire, la fonction est la chose principale et que, par conséquent, l'unique agent, le seul producteur des formes doit être cherché dans la fonction des os.

Plus tard, en 1884 (3), j'ai, le premier, fait remarquer qu'on pourrait faire non-seulement la preuve anatomique sûre, mais encore la preuve mathématique du fait de la signification fonctionnelle de la forme des os.

Quant à la preuve mathématique, les considérations suivantes la fournissent.

De même que, étant donné une forme de grue, on peut dessiner et calculer le système des courbes appartenant à cette forme, de même on peut, à l'inverse, dessiner et calculer la forme de grue appartenant à un système de courbes donné. Cette dernière opération est, il est vrai, beaucoup plus facile et plus simple que la première, car la ligne représentant la forme extérieure de la grue n'est, comme le montre la fig. 1, autre chose que la ligne qui relie les points terminaux de toutes les autres courbes ; en un mot, elle n'est autre chose que la dernière courbe, constituée tout simplement par les autres courbes du système total. Il est dès lors évident que la dernière courbe, représentant la forme extérieure de l'os doit avoir la même signification mathématique que toutes les autres. Nous pouvons donc dire que la grue possède une forme extérieure mathématique.

Il en est de même de l'os. Le contour extérieur de celui-ci, représentant la forme de l'os et son architecture intérieure, se correspondent tout aussi exactement que la dernière courbe de la grue correspond au système total des autres courbes de l'os.

(1) L. c. p. 310. Remarque.

(2) La remarque, datant de 1872, et relative à la dépendance de la fonction des conditions de mutation intra-organique des os, contient déjà, comme l'on voit, l'idée fondamentale de la théorie magistralement exposée par Roux : de « l'irritation trophique de la fonction », et elle pourrait dès lors être considérée comme le précurseur de cette théorie.

(3) Berl. Klin. Woch. 1885, n° 12.

« Du moment où la forme et l'architecture de l'os, disais-je en 1884 (1), se correspondent exactement et à tous égards, il s'ensuit que la signification fonctionnelle et mathématique de l'architecture intérieure des os ne saurait être déniée à la forme extérieure des os. »

Quant à la preuve anatomique de la forme fonctionnelle des os, je l'ai faite (2) par les transformations secondaires de cette forme, découvertes par moi, dans les cas de modifications primitives de la forme et de modifications consécutives de l'excitation des os, ainsi que par les transformations de la forme, dans les cas de modifications de l'excitation, survenues indépendamment d'une altération primitive de la forme.

En 1872 (3), j'ai montré que, dans les cas de fracture où il y a guérison avec luxation, il se produit des modifications secondaires de la forme, non-seulement á l'endroit de la fracture, mais encore en des régions de l'os fracturé, très distantes, hors de l'atteinte de la lésion.

Ces mêmes modifications secondaires de la forme, je les avais, dès cette époque (4), observées régulièrement et comme l'expression de l'adaptation à l'excitation modifiée, même dans les préparations où, par suite d'une affection de l'os ou de l'articulation (rachitisme, ankylose, etc.), il s'était produit une altération initiale de la forme, et avec elle, une modification du rôle de celle-ci.

Enfin, en 1884 (5), j'ai montré que même lorsqu'il se produit, d'une manière indépendante, des troubles de l'excitation statique, il s'effectue chaque fois, à divers points de cet os, une réduction de portions assez grandes, situées à la surface et devenues superflues, par suite des altérations survenues. En même temps, il se développe en d'autres points du même os une formation hypertrophique de portions osseuses situées à la

(1) *Loco citato.*

(2) V. Archives de Langenbeck, vol. 14, p. 270 et suivantes. Comptes-rendus des séances de l'Académie des Sciences de Berlin, 1884, XXII. — Voir aussi le chapitre : les transformations, etc.. dans ma loi de la transformation, pp. 28-78.

(3) Arch. de Langenbeck, vol. 14, p. 277 et suivantes.

(4) L. c., 291 et suivantes.

(5) Comptes-rendus des séances de l'Académie des Sciences de Berlin, l. c. p. 491, et Berliner Klin. Woch, 1885, n° 12.

surface : elle est rendue nécessaire, au point de vue statique, par le fait des mêmes altérations.

Dans les cas de fractures, de scolioses rachitiques, d'ankyloses, tout aussi bien que dans les cas de troubles de l'excitation statique produits en dehors de toute altération primitive de la forme, j'ai pu observer et démontrer ce fait important que les mêmes conditions d'altération de la fonction s'accompagnent toujours des mêmes altérations de la forme.

De plus, j'étais arrivé à constater ce fait important, que l'architecture intérieure des parties nouvellement formées à la surface des os, par suite des modifications de la forme, s'inscrit toujours exactement dans l'image totale de l'architecture de ces mêmes os.

C'est sur ces deux faits que j'ai basé cette opinion, que les os pathologiquement modifiés, mais n'en continuant pas moins de fonctionner, c'est-à-dire de servir d'organes de soutènement à l'appareil locomoteur, revêtent toujours une forme fonctionnelle, c'est-à-dire une forme exactement adaptée à la fonction modifiée.

C'est ainsi, qu'à la preuve mathématique déjà faite, est venue s'ajouter la preuve anatomique de la forme fonctionnelle des os.

Plus tard, Wilhelm Roux élargit considérablement la théorie de la forme fonctionnelle des os.

« Quant à la question de l'adaptation fonctionnelle, dit-il, en 1885 (1) et en 1895 (2), nous y ajouterons qu'il y a une loi générale, entrevue par certains (par J. Wolff, le premier, en 1870, dans Arch. de Virchow, vol. 50, p. 419), mais non encore formulée et d'après laquelle les os normaux de l'adulte possèdent en même temps qu'une structure fonctionnelle, une forme fonctionnelle partout où des influences extérieures ne viennent pas leur imposer une forme différente. Cela revient à dire que la surface de l'os représente l'auto-limitation de sa structure déterminée par la fonction et que, par conséquent, l'os normal ne comporte rien qui soit étranger à la fonction. Cette loi, jointe à celle de la structure fonctionnelle, établit parfaitement le but et l'utilité de nos os et justifie tardivement, l'habitude ancienne de conclure de la forme à la fonction des os. »

(1) Arch. fur Anatomie, 1885, l. c.

(2) Gesommelte Abhandlimgen, Leipzig, 1895. I, p. 701.

Il est à remarquer à ce sujet, que, pour ce qui est de la forme normale des os, la preuve de leur signification fonctionnelle quelque évidente qu'elle eût pu paraître à priori, n'avait pu être faite sans certaines difficultés.

Comme je l'ai fait remarquer en 1870 (1) et en 1872 (2), la forme normale des os s'ébauche déjà dans la vie fœtale; dès lors, on aurait pu croire qu'elle est simplement acquise par hérédité.

Le fait, reconnu depuis lors, que la moindre déviation pathologique de la fonction normale entraîne une altération de forme, montre que la forme normale de l'os est la seule qui demeure acquise à la fonction normale; qu'elle est par conséquent la seule possible pour elle et qu'enfin, il revient une signification fonctionnelle et mathématique, aussi bien à la forme normale qu'à la forme anormale.

Quant à ce qu'il faut conclure des conditions pathologiques aux conditions normales de la structure et de la forme des os, ainsi qu'à la question de la transmission par l'hérédité de cette structure et de cette forme normales, W. Roux (3) s'exprime en ces termes :

« J. Wolff a observé que, même dans des conditions anormales, par exemple dans les cas de fractures à guérison oblique, il se développe une structure osseuse parfaitement appropriée à sa fin et adaptée à cette nouvelle forme et de cette observation nous pouvons aussitôt tirer cette conclusion : que la structure normale des os peut aussi être constituée par le mécanisme même des tissus composant l'os et qu'il n'est pas nécessaire que cette structure nous soit transmise par l'hérédité, avec les innombrables formes particulières que comporte sa conformation. »

En 1883 (4), Roux a dit dans un sens analogue :

« Plus est compliquée une structure fonctionnelle représentant les lignes de l'excitation la plus forte, plus est grande la probabilité de la production de cette structure d'après la loi de la formation et du développement de l'adaptation fonctionnelle. La

(1) Arch. de Virchow, vol. 50, 1870, p. 445.

(2) Arch. de Langenbeck, vol. 14, 1872, p. 311.

(3) Roux. La mécanique du développement des organismes, Insbruch, 1889.

(1) Arch. fur Anatomie, 1883, p. 78.

preuve faite à cet égard par J. Wolff, de la production de semblables structures dans des conditions fonctionnelles nouvelles, est plus évidente que la preuve indirecte, tirée des conditions normales, de l'existence d'une structure composée de formes particulières, fines, si nombreuses que la production fortuite d'un petit nombre de ces formes ne saurait être d'aucune utilité décisive dans la lutte pour l'existence. »

Donc, la forme d'un os soumis à des conditions normales ou anormales, n'est autre chose que l'image mathématique totale de toutes les excitations que rendent possibles les diverses actions musculaires et les diverses pressions exercées par le poids que peut supporter une partie donnée du corps. Bien que, en raison de la possibilité de leur si grande diversité, les excitations n'aient jamais de valeurs constantes, il n'en est pas moins vrai que la forme de l'os est chaque fois exactement comptée dans ces diverses excitations (1).

III. **La nature et la production des déformations**

Ce qui vient d'être dit au sujet de la signification des formes de l'os nous conduit à considérer la nature et les causes des déformations chirurgicales autrement qu'elles ne l'ont été jusqu'à présent.

A. *La production des déformations telle qu'on l'a comprise jusqu'à ce jour*

Jusqu'en 1880, on avait attribué, dans les cas de déformations, la forme défectueuse des os et des articulations de la partie déformée du corps à de simples anomalies de quantité de la formation osseuse du squelette de la partie affectée du corps.

On croyait que ces anomalies de quantité étaient dues soit à une disposition défectueuse primitive des germes des os et des articulations, soit à un arrêt de développement, soit à des altérations pathologiques de la pression exercée sur la partie déformée du corps.

Pour l'une ou l'autre de ces raisons, il devait, suivant la théorie de la pression, se produire au côté concave du membre

(1) Dans un prochain article que je me propose de publier dans « Virchow's Archiv », j'exposerai d'une façon plus détaillée l'état actuel de la question relative à la forme fonctionnelle des os.

incurvé une trop forte pression de toutes les particules osseuses portant les unes sur les autres, et par conséquent un défaut de développement et une réduction des os ; au côté convexe, au contraire, une suspension anormale de la pression et, par suite, une formation osseuse hypertrophique. L'obliquité de l'os déformé devait donc se constituer par ce fait qu'il se forme trop de substance osseuse au côté convexe, trop peu au côté concave, et que, par conséquent, le côté concave devient trop court et le côté convexe trop long.

En général, on considérait l'attitude défectueuse du membre déformé comme la conséquence naturelle de l'obliquité des os et des articulations de ce membre, c'est-à-dire comme la conséquence de la forme défectueuse provoquée par les anomalies de quantité de ces os et de ces articulations.

Toutefois, cette façon de voir ne se rapportait qu'aux déformations de Richard von Volkmann, au sens « étroit » du mot, et non une déformation au sens « large » du mot.

Von Volkmann avait précisément distingué deux espèces de déformations. La première espèce comprend les déformations au sens large du mot, les fractures guéries avec luxation, les ankyloses angulaires, les luxations anciennes, les scolioses rachitiques, etc., tous cas où la déformation s'est produite à la suite d'une altération initiale de la forme des os ou des articulations, c'est-à-dire à la suite d'une lésion ou d'une ostéomalacie, ou d'une affection des os avec destruction du tissu osseux, et où, par conséquent, la lésion ou l'affection primitive des os et des articulations est ce qui importe le plus aux yeux du chirurgien, tandis que la déformation elle-même n'est qu'une affaire secondaire.

Les déformations que comporte la deuxième espèce, déformations au sens étroit du mot, sont celles où, comme dans les cas de pied bot héréditaire paralytique, de genu valgum des adolescents, de scoliose habituelle, etc., la déformation s'est produite sans avoir été provoquée par une lésion ou une affection des os et où, par conséquent, leur forme normale et la configuration défectueuse de leurs extrémités articulaires, sont le trouble originel essentiel et généralement unique que le chirurgien considère dans le traitement.

Dans cette distinction s'était glissée une erreur qui s'expliquait parfaitement et qui était même inévitable avant la découverte de Culmann

En effet, von Volkmann admettait que les deux espèces de déformations n'avaient rien d'essentiellement commun et que, par conséquent, il ne fallait traiter dans les chapitres de chirurgie des déformations que de celles entendues au sens étroit du mot, et reléguer les déformations, au sens large, dans les chapitres sur les fractures, les luxations, les inflammations des articulations, le rachitisme, etc.

Nous verrons plus loin que, contrairement à l'opinion de Volkmann, les deux espèces de déformations ont un point commun très important, d'où il suit que la nature de l'une et de l'autre concordent parfaitement.

B. *La conception, dérivée de la loi de la transformation, de la nature et de la production des déformations*

En exposant ma conception de la nature et de la production des déformations, j'expliquerai tout d'abord la théorie de la pathogénie fonctionnelle des déformations en général, puis je chercherai à compléter la démonstration anatomique de cette théorie par les exemples spéciaux du genu valgum et de la scoliose.

I. Exposé général de la pathogénie fonctionnelle des déformations

La démonstration de l'inexactitude de la théorie de la pression, la démonstration que toutes les opinions relatives à l'action immédiate de la pression ou de la suspension de la pression, ainsi que de la localisation de cette action, étaient erronées et que la réduction et la formation hypertrophique de substance osseuse sont déterminées, aussi bien à l'intérieur qu'à la surface de l'os, par des facteurs tout autres que l'action immédiate de la pression et de la suspension de la pression ; ces démonstrations, dis-je, avaient d'un seul coup infirmé toutes les hypothèses admises jusqu'alors relativement à la production des déformations

La loi de la transformation nous a montré que, lorsque le fonctionnement d'un membre du corps se trouve modifié pathogéniquement, les transformations qui se manifestent dans l'architecture intérieure et dans la forme intérieure et extérieure des os de ce membre ne peuvent s'effectuer partout que là où l'exige la considération mathématique, c'est-à-dire exactement dans le sens des tensions de pression, de traction et de glissement de la statique graphique.

La démonstration, faite par moi, de la concordance des conditions anatomiques effectives avec le postulat mathématique a, comme nous l'avons vu, servi de base à l'établissement de la théorie de la forme fonctionnelle des os.

Cette même démonstration de la dite concordance, en tant qu'elle concerne la forme extérieure des os, m'a servi également de base à l'établissement de ma nouvelle théorie de la production des déformations, ou théorie de la pathogénie fonctionnelle des déformations.

En montrant que lorsqu'un membre du corps est appelé à fonctionner dans des conditions statiques défectueuses il se produit, même à la surface des os de ce membre, — suivant la localisation et la valeur quantitative des tensions de pression, de traction et de glissement altérées par la modification de l'excitation, — une néoplasie, en certains points, de parties osseuses considérables, pourvues d'une architecture appropriée. En d'autres points, il s'opère une réduction de parties osseuses considérables. Nous avons indiqué aussi de quelle manière les déformations se produisent, car les dites transformations survenues à la surface des os représentent justement ce qu'en chirurgie nous appelons « une déformation au sens étroit ou au sens large du mot ».

a) Les déformations au sens étroit du mot :

Lorsque la modification de l'excitation d'un membre ou d'une partie du corps se produit d'une manière indépendante, c'est-à-dire sans avoir été précédée d'une modification primitive de la forme, déterminée soit par une lésion, soit par une affection des os et des articulations, soit par une ostéomalacie, il arrive que l'altération de la forme extérieure des os, par suite de l'adaptation à l'altération de l'excitation, produit ce que von Volkmann appelait une déformation au sens étroit du mot (scoliose, pied valgus, genu valgum, etc.).

Par exemple, au début de la production d'un genu valgum ou d'une scoliose, la forme des os est parfaitement normale. Ce n'est qu'à la suite du surmenage de leurs muscles trop faibles, que les patients se laissent aller à prendre une position défectueuse souvent répétée et qui annule l'activité des muscles et met en jeu les obstacles que peuvent opposer les os aux trop grandes excursions locomotrices des membres. Elle modifie ensuite le degré et la localisation de l'excitation des os visés, et c'est à cette modification de l'excitation que s'adapte en même temps l'architecture intérieure et la forme intérieure et extérieure de ces os.

Ce qui, dans ce cas, se modifie *intra vitam* dans l'architecture intérieure, a échappé à nos yeux jusqu'à ce jour, c'est-à-dire jusqu'au jour de la merveilleuse découverte de Rœntgen (1). De même, échappaient à l'examen visuel, les transformations de la forme intérieure, c'est-à-dire les néoplasies et les transformations des régions spongieuses, les altérations de l'épaisseur des parois de la diaphyse et celles des lignes qui délimitent la région spongieuse et la région compacte. Par l'inspection et la palpation, nous pouvions seulement nous rendre compte des transformations de la forme extérieure des os, et ce sont précisément celles-ci qui se présentaient à nous sous la forme du genu valgum, de la scoliose, etc.

Mais comme les transformations de la forme extérieure s'accordent toujours avec celles de la forme intérieure et avec celles de l'architecture intérieure, nous pouvons jusqu'à présent, non seulement, toujours conclure des premières aux secondes et troisièmes, mais encore en quelque sorte deviner directement, par les transformations de la forme intérieure, la nature de l'excitation défectueuse de tel ou tel membre, et celle de la modification du degré et de la localisation de cette excitation.

Si donc les déformations ne sont autre chose que le résultat des transformations que subit la forme extérieure des os et des articulations d'un membre du corps, lors de l'adaptation à une excitation défectueuse de celui-ci, il s'ensuit simplement que les déformations ne sont pas des formations morbides, au sens où

(1) J. Wolff. De l'utilisation en chirurgie de la radiographie, Deutsche med. Woch., 1896, n° 40.

l'entendaient les auteurs qui en ont traité jusqu'à présent. Elles ne le sont pas plus que, par exemple, l'hypertrophie du myocarde qui se développe au service de la fonction du cœur lorsqu'il y a insuffisance du mécanisme des valvules du cœur.

Ce qui est affecté, morbide, c'est la modification de l'excitation et, par conséquent, le changement de la fonction mécanique. Lorsqu'il s'agit de la résistance à opposer à une action de pression ou d'inflexion s'exerçant de haut en bas, il peut y avoir modification de degré et de localisation de l'action du poids portant sur le membre du corps auquel appartiennent les os et les articulations en question.

La forme des os et des articulations de ce membre, quelque différente qu'elle soit de la normale, n'est cependant nullement anormale à proprement parler. Elle est plutôt la forme appropriée à sa destination, c'est-à-dire à l'excitation anormale existante ou au chargement anormal du membre. J'irai même plus loin, et je dirai qu'elle est la seule et unique forme appropriée à ce but. C'est la seule forme à l'aide de laquelle les os et les articulations soient à même de développer, dans des conditions anormales, comme d'après Culmann, dans l'état normal, « la plus grande énergie possible avec un minimum de moyens », et c'est grâce à cette énergie que, malgré leur incurvation et celle du membre auquel ils appartiennent, et malgré leur excitation défectueuse, les os et les articulations sont à même de continuer de fonctionner comme organes de soutènement de ce membre du corps.

C'est donc à l'aide de cette seule et unique forme extérieure, et à l'aide de la seule et unique forme intérieure, dont les rapports avec cette forme extérieure se déterminent réciproquement, ainsi qu'au moyen de la seule et unique architecture intérieure, que les os sont à même d'opposer une résistance utile aux tensions de pression, de traction et de glissement des forces extérieures agissant sur le membre du corps, lorsque ces tensions sont obligées de prendre des directions défectueuses, à la suite d'une excitation défectueuse possible. Ce n'est qu'à l'aide de cette forme et de cette architecture que le membre incurvé peut continuer de fonctionner malgré l'incurvation et sans que ses os, succombant à la pression, à la traction et au glissement des forces mécaniques extérieures agissant sur eux, d'une manière constante, ne soient écrasés, défigurés ou déplacés, en un mot, sans qu'ils ne s'effondrent.

La pathogénie des déformations est par conséquent fonctionnelle.

Par exemple, dans le genu valgum, la forme défectueuse du fémur et du tibia et de l'articulation du genou n'est autre chose que l'expression de leur adaptation fonctionnelle à l'excitation défectueuse déterminée par la position, en dehors, de la jambe: où, comme il s'agit, dans ce cas, principalement, d'une excitation exercée d'en haut, aux modifications déterminées par cette position, en dehors du degré et de la localisation de l'action du poids exercée sur les diverses et différentes parties de l'extrémité inférieure.

De même, dans les cas de scoliose habituelle, la forme des os et des articulations du thorax n'est que l'expression de l'adaptation fonctionnelle du thorax à la position ramassée du corps. La forme des os du pied bot est l'expression de l'adaptation fonctionnelle du squelette du pied à la modification, déterminée par le renversement en dedans du pied ou parfois par la torsion en dedans de toute l'extrémité inférieure. Il faut tenir compte du degré et de la localisation de l'excitation, et de l'action du poids exercée d'en haut, sur les diverses parties du pied.

Pour terminer mon exposé de la pathogénie fonctionnelle des déformations, au sens étroit du mot, il me reste encore à faire observer qu'il nous a conduit à reconnaître un autre fait important concernant ces déformations.

La position défectueuse du membre incurvé, qui détermine l'excitation défectueuse, n'est pas, dans ces cas de déformations, la conséquence de la déformation, comme on l'a cru souvent jusqu'à présent. Ce qu'on doit considérer comme la cause immédiate, toujours la même, de la déviation des os et des articulations d'une partie donnée du corps affectée d'une déformation quelconque, c'est surtout la position défectueuse persistante ou souvent reprise, ainsi que l'excitation et la fonction défectueuses des os et des articulations de la partie déformée du corps, déterminées par la position défectueuse.

Quelles que soient les causes plus éloignées, très différentes les unes des autres (prédisposition héréditaire, habitude, faiblesse des muscles, conditions extérieures mécaniques oppressives ou comprimantes), qui aient déterminé, dans ces cas de déformation, la position défectueuse persistante ou souvent reprise de la partie du corps affectée, il n'en demeure pas moins vrai que cette position défectueuse est toujours l'anneau intermédiaire entre les causes les plus éloignées, les plus différentes, des diverses déformations ; et l'effet anatomique produit par elles, est toujours le même ou du moins toujours analogue dans les diverses déformations.

b) Les déformations au sens large du mot :

Lorsque l'excitation modifiée d'un membre du corps ne se produit pas d'une manière indépendante, comme dans les cas de déformation dont il vient d'être question, lorsqu'elle se produit plutôt comme conséquence naturelle d'une altération primitive de la forme — par suite d'une lésion, d'une affection des os avec destruction de la substance osseuse de la surface ou d'une ostéomalacie, — il s'ajoute à cette altération initiale de la forme (fracture guérie obliquement, rachitisme, luxation non réduite, ankylose angulaire, déformation accidentelle du pied à la suite d'une lésion), une modification fonctionnelle secondaire de la forme extérieure des os, et il se produit alors ce que von Volkmann appelle une déformation au sens large du mot.

Dans les cas de déformations au sens étroit du mot, la forme défectueuse des os et des articulations du membre incurvé est due à un seul facteur, c'est-à-dire à l'excitation défectueuse indépendamment produite de ce membre ; dans les cas de déformations au sens large du mot, la forme défectueuse des os est déterminée par deux facteurs dont l'un consiste en une altération primitive de la forme, produite à la suite d'une lésion ou d'une affection des os, et l'autre est due à la nature spéciale de l'excitation défectueuse du membre incurvé, conséquence directe de l'altération primitive de la forme.

L'excitation défectueuse du membre incurvé est donc, dans les deux sortes de déformations, un facteur déterminant la forme des os et des articulations de ce membre. Seulement, dans les déformations au sens étroit du mot, elle est le seul facteur qui détermine la forme, tandis que dans les déformations au sens large du mot, elle n'est que l'un des deux facteurs qui déterminent la forme.

Il en résulte donc que la nature des deux espèces de déformations ne présente point une différence aussi radicale que l'admettait Volkmann avant la découverte de Culmann et l'établissement de la loi de la transformation.

Les deux sortes de déformations ont précisément ceci de commun, que la forme des os et des articulations du membre déformé ne représente autre chose que l'expression de l'adaptation fonctionnelle à l'excitation défectueuse de ce membre ; dans les déformations au sens étroit du mot, l'expression de l'adaptation à l'excitation défectueuse indépendamment produite ; dans les déformations au sens large du mot, l'expression de l'adaptation à l'excitation défectueuse déterminée par une altération primitive de la forme.

Si von Volkmann avait pu établir que, dans les déformations au sens large du mot, l'altération primitive de la forme ne représente pas le seul facteur, mais plutôt, à côté de la fonction défectueuse des os formant l'un des deux facteurs, l'autre facteur de la production de la forme extérieure des os, il eût conservé aux deux espèces de déformations leur corrélation naturelle. Il n'eût pas cherché alors à séparer en principe, par exemple, les pieds bots produits accidentellement par une lésion, des autres pieds bots auxquels ils sont étroitement liés de par leur nature et le traitement qu'ils requièrent.

2. Preuves anatomiques spéciales de la pathogénie fonctionnelle des déformations

Dans ce qui suit, je me propose de compléter les preuves fournies antérieurement et qui servent de base à la théorie de la pathogénie fonctionnelle des déformations, c'est-à-dire de montrer par des exemples particulièrement probants que tout ce qui se manifeste dans la forme extérieure des os et des articulations de membres déformés peut s'expliquer d'après la loi de l'adaptation fonctionnelle, et seulement d'après cette loi.

A cet égard, les préparations de genu valgum des adolescents et de scoliose habituelle fournissent les meilleurs exemples.

Quant au genu valgum, il me servira à convaincre facilement ceux qui nourrissent encore quelque doute à l'endroit de l'exactitude de la théorie de la pathogénie fonctionnelle des déformations. Il me suffira de reproduire, à cet effet, la belle préparation de tibia valga (fig. 9 et 10) provenant de la collection de la clinique chirurgicale de l'Université de Breslau, auquel je me suis rapporté plusieurs fois (1), et auquel divers autres auteurs ont rattaché leurs considérations relatives à la théorie de la pression. J'aurai, du reste, l'occasion de revenir sur cette préparation, parce qu'il me reste encore à compléter mes explications ne concernant que les transformations de l'architecture intérieure et de la forme intérieure du tibia en rappelant les transformations de la forme extérieure qui importent tout particulièrement dans le présent travail, et qui se sont produites sur le tibia en question.

Dans la dite préparation, il s'agit de l'extrémité supérieure du tibia droit d'un individu adulte qui, à l'époque de la puberté, avait acquis un genu valgum très prononcé.

Les fig. 9 et 10 représentent chacune une feuille provenant de la moitié antérieure de la préparation sciée dans la direction horizontale et vue de face. Les deux sections se complètent, en ce sens que certaines des modifications à décrire sont plus prononcées dans une section, et que d'autres transformations sont mieux prononcées dans l'autre.

Les préparations montrent d'abord :

A. *Les transformations suivantes de l'architecture intérieure*

a) Transformation de tout le système des trajectoires, représenté par les trabécules spongieuses, en des directions qui, partout, diffèrent de celles du système normal des trajectoires et qui, néanmoins, s'ajustent très exactement dans la forme déformée de l'os.

b) Épaississement des trabécules de la diaphyse et de l'épiphyse, au côté latéral concave, ou côté de la pression augmentée, de telle sorte que les trabécules se fondent en plusieurs endroits en une masse commune dont il serait difficile de dire

(1) Deutsch med. Woch., 1889, n° 50 — v. Langenbeck's arch., vol. 42, p. 315 — Loi de la transform. des os, p, 64/65, pl. XI, fig. 78, 77.

si elle représente une région osseuse spongieuse, ou une région compacte.

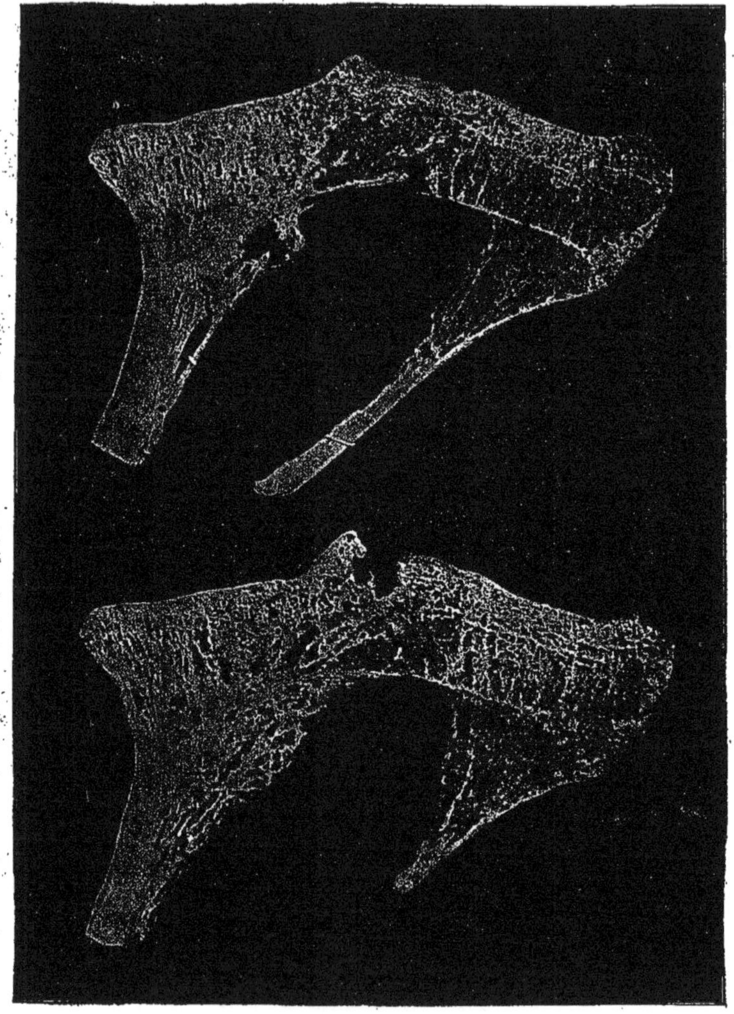

Fig. 9 et 10

c) Amincissement et écartement anormal des trabécules, au côté interne convexe, ou côté de la suspension de la pression (porosité de la couche spongieuse).

B. *Les transformations suivantes de la forme intérieure*

a) Épaississement se montant à environ $9^{m}/^{m}$, de la paroi de la diaphyse, au côté externe ou côté de la pression augmentée; amincissement réduit à 3, 4 m/m de la paroi de la diaphyse au côté interne, en opposition avec l'épaisseur également forte des deux parois, dans les conditions normales

b) Situation excentrique de la cavité médullaire, par déplacement de sa ligne délimitante dans la direction de la région spongieuse supérieure tandis que, soit dit en passant, l'épiphyse a conservé aux deux côtés sa hauteur intacte (Mikulicz) la région spongieuse s'étend, au côté externe, presque deux fois plus bas qu'au côté interne, jusqu'au delà du niveau de l'ancien cartilage de l'épiphyse.

C. *Les transformations suivantes de la forme extérieure, qui sont particulièrement importantes en tant que preuve de la pathogénie fonctionnelle de la déformation* :

a) Modification, par rapport à la surface articulaire supérieure de l'angle des parois latérales de l'extrémité supérieure de la diaphyse du tibia. Tandis qu'à l'état normal, la paroi interne aussi bien que l'externe, prolongées, rencontreraient la surface articulaire supérieure sous un angle aigu d'environ 60°, la paroi externe dans la préparation de genu valgum, rencontre la surface articulaire supérieure sous un angle obtus d'environ 105°, la paroi interne, au contraire, la rencontre sous un angle aigu d'environ 30°.

b) Concavité de la surface de l'os au niveau de la limite existant entre l'épiphyse et la diaphyse, au côté externe, à l'endroit même de la convexité qui, dans des conditions normales, se voit en cet endroit.

c) Convexité plus que normale du point correspondant au côté interne.

d) Forme rectiligne des parois externe et interne de la diaphyse, dans la région de la limite inférieure de la substance spongieuse de l'extrémité supérieure de l'os, au lieu de la légère concavité qui y existe à l'état normal.

Quant à la scoliose, par laquelle je veux établir, en second lieu, la justesse de la théorie de la pathogénie fonctionnelle des déformations, j'ai déjà montré plus haut que les conditions de hauteur et de longueur des apophyses transverses des vertèbres scoliotiques, de même que les conditions correspondantes des côtés du thorax scoliotique ne peuvent s'expliquer d'une manière qui prête à l'équivoque, ni autrement que par l'adaptation aux conditions d'espace, modifiées par suite d'une position ramassée, persistante du thorax, aux côtés convexe et concave de la portion infléchie de la colonne vertébrale, à laquelle appartiennent les apophyses transverses et les côtes affectées.

Or, il est manifeste qu'il faut que la modification des rapports d'espace d'une partie du squelette avec une autre partie quelconque et avec le squelette entier, détermine une altération de l'excitation mécanique de cette partie du squelette et par là, une altération de direction et de la valeur quantitative des tensions de pression, de traction et de glissement à chacun des divers points de cette partie.

C'est ainsi que, par exemple, dans le pied-bot, la modification de la position des phalanges du doigt par rapport à la jambe, c'est-à-dire la modification des rapports d'espace des doigts avec la jambe, et par conséquent, avec le corps tout entier, détermine une altération de l'excitation mécanique de toutes les parties du pied. Par suite de cette modification des rapports d'espace du pied avec le reste du squelette, l'action du poids exercée d'en haut, ainsi que la traction musculaire agissant dans différentes directions se trouvent modifiées d'une manière qui correspond exactement à la nature de la modification des rapports d'espace et ce, aussi bien pour toutes les parties du squelette se trouvant au côté interne raccourci et concave du pied, que pour celles qui se trouvent au côté externe, convexe et allongé du pied.

Le fait, pour les apophyses transverses et les côtes, de s'adapter aux conditions d'espace, modifiées par suite de la position ramassée du thorax, n'exprime donc pas autre chose que le fait, pour les apophyses et les côtes, de s'adapter aux conditions d'excitation ou de fonction modifiées d'une manière correspondant exactement aux conditions d'espace.

La constatation (1) qui en résulte, que l'adaptation à l'espace exprime la même chose que l'adaptation à la fonction, présente

(1) Wien. Kl. Wochensch. 1893, n° 22, où l'on trouve cette constatation formulée par moi pour la première fois d'une façon précise.

une importance considérable au point de vue de la théorie générale de l'adaptation fonctionnelle.

Envisagées sous ce jour, les conditions de hauteur et de longueur des apophyses transverses et des côtes acquièrent une autre haute valeur par les conclusions qu'on peut en tirer au profit de la question tant discutée de la production de la forme de la vertèbre cunéïforme scoliotique.

La plupart des auteurs admettent actuellement qu'il existe, dans la scoliose, un ramollissement anormal du squelette et que, grâce à cette condition, il arrive que, lorsqu'il y a inflexion latérale ou position défectueuse ramassée du thorax, déplacement latéral de celui-ci, élévation d'une épaule, etc., la pression exercée par le poids du corps modèle les corps vertébraux, tout comme elle le fait dans les cas de rachitisme des corps vertébraux ou des os longs, comme elle modèle, tout d'abord le disque intervertébral, dans les cas de scoliose habituelle.

Il est très possible et même probable qu'en effet, il s'agit d'une ostéomalacie de ce genre, dans beaucoup de cas de scoliose. Toujours est-il que l'ostéomalacie anormale est une hypothèse qui, jusqu'à présent, ne peut s'appuyer sur aucune espèce de résultat d'investigation anatomo-pathologique, et il est certain qu'elle ne doit nullement être considérée, dans tous les cas de scoliose, comme la condition préalable à la production de la déformation.

L'apparition de la scoliose chez des individus adultes, à la suite d'empyème, et chez des adultes, les aggravations considérables de scolioses faibles, datant des années de jeunesse, nous fournissent, au contraire, la preuve que la scoliose peut se produire, sans qu'il y ait ostéomalacie anormale. Et comme, du reste, nous avons vu, par les conditions des apophyses transverses et des côtes, que les réductions et les accroissements de la hauteur des os peuvent se produire, sans que la pression exercée par le poids y entre en ligne de compte, que par conséquent cette pression ne saurait être une cause essentielle, ni même l'unique cause de la réduction de la hauteur d'une partie osseuse quelconque, il s'ensuit que, même le corps vertébral, peut acquérir sa forme cunéïforme scoliotique tout-à-fait indépendamment de la pression exercée par le poids.

Le corps vertébral, tout comme ses apophyses transverses et les côtes, peut subir une réduction de sa hauteur au côté concave et une augmentation de sa hauteur, même en l'absence d'une ostéomalacie anormale du squelette, simplement par adaptation à l'espace diminué au côté concave, agrandi au côté convexe, dans les cas de position défectueuse du thorax, ou par adaptation à l'excitation mécanique modifiée de ses diverses parties, par conséquent simplement par l'irritation trophique de la fonction.

Cette conception simple et naturelle des conditions de la vertèbre scoliotique surprend moins quand on songe que l'opinion d'après laquelle le corps vertébral scoliotique subirait une réduction au côté concave et d'après laquelle cette même réduction serait la cause de la réduction de la hauteur, a été réfutée il y a longtemps,

Hoffa (1) a montré qu'il ne saurait être question d'une pareille réduction, qu'au contraire la moitié du corps vertébral située au côté concave de la vertèbre scoliotique gagne de l'extension, comparativement à celle du côté convexe.

Si, avec Hoffa, nous considérons comme ligne médiane de la vertèbre scoliotique la ligne qui relie le point le plus bas de l'incisure de l'arc au point de la bordure postérieure du corps vertébral où l'ovale normale du trou vertébral commence à devenir asymétrique, nous constatons que le côté concave est élargi. A la dépression corrrespondant au *nucleus pulposus*, on reconnaît la limite première du corps vertébral. Entre cette limite et les pédicules de l'arc, on trouve déposé un important massif osseux qui présente à peu près la forme d'un olécrâne vu de profil. En même temps, il arrive très souvent que, comme le montre Hoffa, les deux surfaces planes du corps vertébral débordent fortement en arrière et dans la direction du côté concave, et que la surface plane inférieure se termine souvent en pointe. Les bords surplombants sont alors soutenus, au fond de l'ensellure, par des piliers de substance compacte, qui peuvent devenir très développés.

Quant au côté convexe, Nicoladoni (2) a depuis longtemps

(1) Hoffa. Contr. à l'anat. path. de la scoliose. Transaction de la Soc. phys. méd. de Wurzburg. Séance du 19 mai 1894.

(2) Nicoladoni, l. c.

démontré que la formation hypertrophique y est beaucoup moins forte que la réduction fonctionnelle qui, dans l'étendue de la région spongieuse des os, détermine une porosité considérable de la substance spongieuse du côté convexe.

Comme les figures qu'on trouve dans les auteurs ayant abordé ce sujet n'illustrent pas suffisamment les explications que nous fournissons ici, nous donnons ci-contre (fig. 11 et 12) deux planches instructives de vertèbres cunéïformes, provenant chacune d'une préparation de scoliose assez forte.

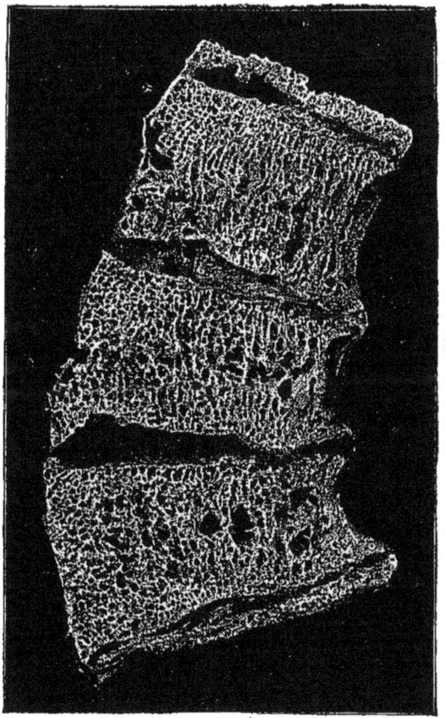

Fig. 11

Aux deux préparations, on reconnaît distinctement l'élargissement du côté concave, les condensations, au côté concave de la portion spongieuse en masses compactes, ainsi que la porosité, au côté convexe, de la substance spongieuse.

La fig. 11 représente, vue de derrière, une feuille prise dans le milieu de trois corps vertébraux, ceux de la vertèbre dorsale inférieure et de deux vertèbres lombaires supérieures (scoliose à convexité gauche).

La disposition cunéïforme de la vertèbre dorsale inférieure est faible, celle de la première vertèbre lombaire est plus forte, celle de la deuxième l'est encore davantage.

Au côté concave, la hauteur des trois vertèbres, est de 22, 18 et 14 m/m; au côté convexe, elle est de 25, 27 et 29 m/m. Au côté convexe, le bord des différentes vertèbres est presque rectiligne, celui du côté concave se dessine en demi-lune.

Plus est grande la déviation cunéïforme des vertèbres, plus est grande leur largeur (32, 38 et 41 m/m).

La deuxième vertèbre lombaire présente trois différentes zones de densité de la substance osseuse. Dans la première zone, tout près du bord concave, se trouve de l'os dense, presque tout à fait compact et qui se distingue du reste de la masse osseuse par sa couleur particulière, un peu moins blanche. Cette zone, étant la plus étroite au milieu de la hauteur du corps vertébral, va en s'élargissant dans la direction des surfaces de délimitation inférieure et supérieure du corps vertébral, pour s'y terminer en pointe dans les deux sens. La deuxième zone présente la même coloration que la troisième, mais elle se distingue de celle-ci parce que les trabécules osseuses s'y sont fondues en lamelles larges, ne présentant que peu de petites lacunes. Elle occupe, au reste, à peu près autant d'espace que la première; elle s'étend jusqu'à la limite du tiers moyen, au côté concave, du corps vertical. Dans la troisième zone qui occupe les deux autres tiers du corps vertébral, la masse spongieuse est très poreuse.

La 1re vertèbre lombaire présente le même aspect, bien qu'un peu moins prononcé.

A la 12e vertèbre dorsale, c'est au-dessus du coin du bord inférieur du côté concave qu'on trouve de la substance osseuse compacte, ayant la coloration et la conformation de la 1re zone des deux autres vertèbres. Au milieu des parties du côté concave, se trouve de la substance spongieuse lamellée, ayant la conformation de la 2e zone des deux autres vertèbres, tandis que dans la direction du côté convexe, la portion spongieuse devient de plus en plus poreuse.

La fig. 12 représente, vues de face, les 6e, 7e et 8e vertèbres dorsales d'une scoliose dorsale à convexité droite. Au côté concave de ces trois vertèbres, on voit encore mieux que dans la fig. 11, les surfaces planes d'articulations osseuses s'allongeant en une pointe un peu arrondie dont parle Hoffa. Comme les 6e et 8e corps vertébraux sont un peu altérés, je me contente de décrire exactement le 7e corps vertébral. La longueur de son bord supérieur est de 36 m/m, celle du bord inférieur de 39 m/m. La hauteur du bord, du côté convexe, est de 25 m/m, celle du bord, au côté concave, de l'une à l'autre extrémité des deux saillies, est de 15 m/m, et de l'un à l'autre point de contact avec les 6e et 8e vertèbres, de 12 m/m.

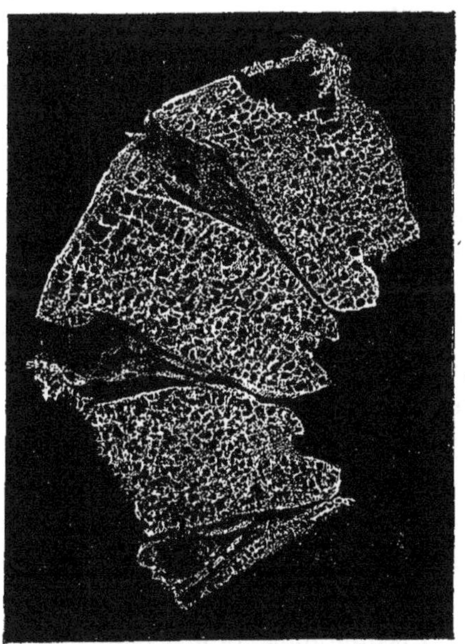

Fig. 12

On y reconnaît également trois zones osseuses de densité différente; la zone la plus dense se trouve au côté concave, la moins dense au côté convexe.

Les deux figures 11 et 12 permettent de reconnaître facilement que les trabécules spongieuses allant du haut en bas des trois vertèbres se correspondent.

L'image que présentent les deux préparations concorde donc

pleinement avec les figures de mon ouvrage sur la loi de la transformation, lesquelles montrent que dans les cas de fractures, d'ankyloses, de scolioses rachitiques et autres, il y a formation hypertrophique au côté concave des incurvations.

Loin de fournir un appui à la théorie de la réduction par la pression, la vertèbre cunéïforme est au contraire un des appuis les plus démonstratifs de la théorie de l'adaptation fonctionnelle en général, et en particulier, de la pathogénie fonctionnelle des déformations (1).

A la suite des deux figures relatives à l'architecture de la vertèbre cunéïforme scoliotique (fig. 11 et 12), il me reste à faire les observations suivantes :

Il est bien entendu qu'il faut que l'architecture intérieure de la vertèbre cunéïforme corresponde à la forme extérieure du segment de rachis à laquelle elle appartient ; car la règle générale, fixée par la loi de la transformation et d'après laquelle la forme extérieure de l'os en fonction, sa forme intérieure et son architecture intérieure présentent des rapports qui se déterminent réciproquement, n'admet en général aucune exception.

Je me serais donc dispensé de rappeler ici à nouveau la parfaite harmonie qui existe entre l'architecture intérieure et la forme extérieure des os, si, en ce qui concerne précisément la vertèbre cunéïforme, cette harmonie n'avait pas été contestée.

Voici ce que Lorenz dit à ce sujet (2) :

Dans la vertèbre cunéïforme scoliotique, en s'en rapportant aux recherches de Nicoladoni, les trabécules osseuses sont verticales et croisées par des bandes horizontales. Elles ne forment cependant pas, comme à l'état normal, des angles droits avec les surfaces de délimitation supérieure et inférieure du corps vertébral scoliotique. Donc, bien que les trabécules ne soient pas transformées, la forme extérieure de l'os se trouve considérablement changée. Au contraire, l'examen de la vertèbre transitoire scoliotique montre que la forme extérieure en diffère peu, parfois à peine, de la forme normale et que, malgré cela, les trabécules sont obliques et ne forment plus, avec les

(1) Hoffa (l. c. tirage à part, p. 7), fait également ressortir l'importance de la vertèbre cunéïforme scoliotique en tant que soutien de la théorie de la transformation.

(2) Lorenz, Wien. Kl. Woch. 1893, n° 11, p. 200. De la transformation des os, l. c., p. 98.

surfaces de délimitation supérieure et inférieure, des angles droits, mais des angles obtus et aigus. Donc, dans ce cas, le trouble pathologique de l'excitation statique a provoqué une révolution totale de la structure intérieure, en ce sens que pas une trabécule n'a conservé sa direction première et cependant nous voyons que cette révolution n'a pas eu pour conséquence un changement à peu près équivalent de la forme extérieure.

L'on voit tout de suite en quoi consiste l'erreur de Lorenz. Celui-ci croit pouvoir prendre un à un les corps vertébraux et examiner chacun isolément sous le rapport de l'harmonie qui peut exister entre sa forme et son architecture. Or, il va de soi que l'architecture des corps vertébraux ne peut être comprise que lorsqu'on considère en même temps l'architecture de tout le segment de la colonne vertébrale auquel appartient la vertèbre cunéiforme, et qu'on ne perd pas de vue que l'architecture de chaque corps vertébral, anneau d'une grande série de corps vertébraux, correspond à celle du corps voisin. On peut facilement s'en convaincre par l'examen de toute colonne vertébrale normale ou scoliotique, et aussi de nos figures 11 et 12, et mieux encore par l'examen de préparations de vertèbres ankylosées. Par suite de la fusion complète des corps vertébraux, il est tout à fait impossible d'en détacher une seule vertèbre pour l'examiner isolément sous le rapport de la concordance de sa forme et de son architecture. Ces mêmes préparations montrent en même temps que, même lorsque la fonction s'accomplit dans des conditions nouvelles et différant de la normale, plus encore que dans la scoliose, l'harmonie entre l'architecture intérieure des vertèbres et la forme extérieure de la colonne vertébrale se rétablit de nouveau.

La préparation figurée ci-contre (13) est bien faite, je crois, pour réduire à néant les objections erronées comme celles de Lorenz.

Il s'agit d'une préparation de spondylite dont je suis devenu le possesseur grâce à la bonté de MM. Schede et Sick. Elle comporte huit vertèbres avoisinantes fondues ensemble par ankylose, après réduction complète du cartilage inter-vertébral.

Les huit vertèbres forment par conséquent un seul morceau d'os à concavité antérieure et à convexité postérieure. L'architecture ressemble à celle qu'on voit dans les ankyloses angulaires de l'articulation du genou, dans la plupart des ankyloses de l'articulation de la hanche et dans des préparations scoliotiques d'os longs rachitiques (voir : Loi de la transformation des os, pl. VIII, IX et X).

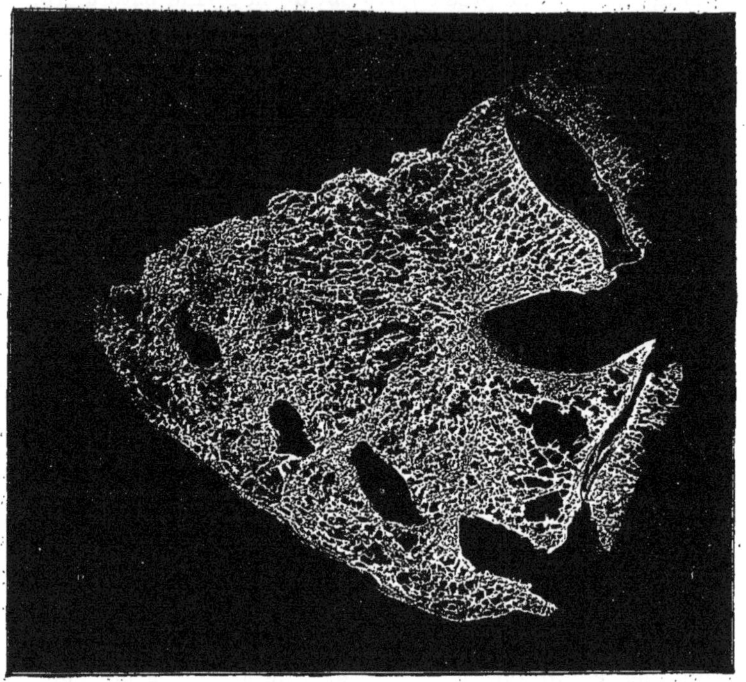

Fig. 13

Au milieu de la concavité, se trouve une couche corticale épaissie. De ce point partent des trabécules disposées par faisceaux. Celles du milieu rayonnent jusqu'au point le plus élevé de la convexité ; les supérieures et les inférieures s'étendent en haut ou en bas dans les anciens corps vertébraux supérieurs ou inférieurs de la pièce osseuse. Les faisceaux se croisent à angle droit, avec de longues trabécules arquées qui descendent en divergeant, de l'extrémité supérieure de la paroi concave jusqu'au milieu de la pièce, s'y déploient et courent assez concentriquement, puis se dirigent en convergeant, vers l'extrémité inférieure de la paroi concave.

Cette architecture uniforme, bien motivée, est parfaitement adaptée à la forme extérieure de toute la pièce, ainsi qu'on peut s'en rendre compte en examinant attentivement la préparation.

En poursuivant l'étude de la pathogénie fonctionnelle de la scoliose, nous arrivons à constater que non seulement ce que nous venons dire de la vertèbre cunéiforme rend possible la démonstration de la pathogénie fonctionnelle de la scoliose, mais encore que tous les phénomènes de torsion de la colonne vertébrale scoliotique ne sont autre chose que l'expression de cette pathogénie fonctionnelle.

La torsion réside en ceci que, lorsqu'il y a inflexion latérale de la colonne vertébrale, la ligne la plus éloignée de la série des arcs vertébraux, c'est-à-dire la ligne médiane antérieure, pénètre dans la convexité; tandis que le point de l'arc diamétralement opposé, c'est-à-dire le sommet de l'apophyse épineuse, se déplace le plus souvent dans la concavité.

Hermann de Meyer a essayé d'expliquer ce fait par la compressibilité différente de la série des corps vertébraux et de celle des arcs vertébraux. La série des corps étant peu compressible, alors que celle des arcs présente un degré de compressibilité très grand, il faut, suivant cet auteur, qu'un rapprochement des points terminaux d'une portion également longue des deux parties de la colonne vertébrale fasse dessiner à la série des corps, un arc plus élevé, à la série des arcs, un arc plus plat; que, par conséquent, la série des corps se transporte au côté où l'espace est plus grand, et la série des arcs à celui où il est plus petit.

Or, comme nous l'a démontré l'étude des apophyses transverses et des côtes, la compressibilité ou la compression des os ne saurait entrer en ligne de compte dans la production des formes d'os scoliotiques.

C'est dans bien d'autres conditions que je vois la raison de la torsion des corps vertébraux dans la convexité et des arcs vertébraux dans la concavité.

D'accord avec Albert et Herth, Hoffa, en particulier, a démontré que la plus forte obliquité que présente la vertèbre cunéiforme ne se trouve pas seulement latéralement, mais latéralement et en arrière, en sorte qu'elle tombe dans la section postérieure de l'arc vertébral.

Cela s'explique, comme je crois, tout simplement par ce fait que, lorsqu'il y a inflexion latérale, la colonne vertébrale peut décrire un arc plus plat dans l'espace alors diminué du côté concave, et un arc plus élevé dans l'espace alors agrandi du côté convexe dès que les diverses vertèbres, au lieu de prendre leurs points d'appui réciproques du côté concave aux points centraux des pans supérieur et inférieur des parois latérales des corps vertébraux, très hautes à l'endroit de ces points centraux, les prennent au contraire aux points initiaux rapprochés et beaucoup plus bas des racines des arcs. Donc, lorsqu'il y a inflexion latérale de la colonne vertébrale, le point d'appui réciproque des vertèbres se déplace en arrière et se porte à des points du côté concave dont la ligne de communication verticale est, par sa nature, déjà beaucoup plus courte que la ligne médiane des parois latérales des corps vertébraux.

Au reste, les remarquables transformations observées par Hoffa sur la vertèbre, et qui accompagnent la torsion, fournissent un appui certain à mon hypothèse.

Hoffa a montré que l'endroit, que je viens de désigner plus exactement, des points d'appui réciproques qu'acquièrent les vertèbres lorsqu'il y a inflexion latérale de la colonne vertébrale, se transforme de telle manière qu'il finit par rentrer dans le corps vertébral et ne paraître plus qu'une partie de celui-ci. En examinant d'en haut la vertèbre cunéiforme, on voit que la partie oblique du côté concave est considérablement élargie du côté de l'arc vertébral, en sorte que toute l'extrémité antérieure de la racine de l'arc au côté concave sert encore de surface de corps, tandis que le reste, situé en arrière de la racine de l'arc au côté concave, se raccourcit naturellement d'une manière considérable.

Il en est de même des transformations des apophyses articulaires démontrées par Hoffa. Les surfaces articulaires s'en élargissent au côté concave, et l'apophyse descendante de la vertèbre supérieure forme, sur la partie sous-jacente de la nouvelle vertèbre, une nouvelle surface articulaire. La surface supérieure de l'apophyse transverse est elle-même comprise dans cette néarthrose.

Donc, tandis qu'une partie de la racine de l'arc se transforme en une partie du corps vertébral, une partie de l'apophyse transverse se transforme en même temps en une partie de l'apophyse articulaire.

Il en résulte que toutes les réductions de la hauteur et toutes les diminutions de hauteurs observées au thorax scoliotique, tous les phénomènes de torsion, toutes les modifications secondaires de la forme, toutes les modifications de l'architecture intérieure se trouvent être des adaptations fonctionnelles aux altérations des conditions d'espace, produites à la suite d'une position défectueuse persistante du thorax, ainsi qu'aux altérations simultanément produites de l'excitation mécanique de toutes les parties du thorax.

Ici, comme partout, à la surface et à l'intérieur des os, ainsi que l'exige la loi de la transformation, la substance osseuse se réduit partout où elle devient superflue, au point de vue fonctionnel, par suite de la modification des conditions statiques, et elle se forme à nouveau partout où, par suite des mêmes conditions, elle devient nécessaire au point de vue fonctionnel.

IV. Des objections d'autres auteurs contre la théorie de la pathogénie fonctionnelle de la déformation

Dans mon ouvrage sur la Loi de la transformation, j'ai cru devoir prédire que ce ne serait pas sans peine qu'on arriverait à bannir de la science une théorie aussi profondément enracinée que celle de l'ostéite raréfiante par augmentation de la pression et de l'ostéo-périostite condensante par suspension de la pression.

En effet, plusieurs auteurs, qui, à la suite de mes travaux, ont traité des causes et de la production des déformations, n'ont pas su s'affranchir complètement de la théorie de la pression, et c'est précisément ce qu'ils ont cru devoir conserver qui leur a servi à formuler des objections plus ou moins énergiques contre la théorie de la pathogénie fonctionnelle des déformations.

Cette théorie a été discutée notamment par cinq auteurs :

W. Roux, Schède, Korteweg, Lorenz et Ghillini. Voici ce qu'ils en pensent :

W. Roux (1), dans sa critique de ma loi de la transformation est d'accord avec moi, contre la théorie de la pression, « en ce qui concerne la période du développement osseux effectué fonctionnellement et qui ne succède pas à un développement cartilagineux le précédant. » Il estime, au contraire, que la théorie de la pression est « dans le vrai », en ce qui concerne le développement cartilagineux indépendant et le développement osseux qui lui succède.

Dans son « Recueil de travaux et de mémoires » (Gesammelte Abrandhungen), 1895 (2), Roux fournit à ce sujet des explications plus détaillées.

« Dans la production de la vertèbre cunéïforme scoliotique, dit-il, il ne s'agit, le plus souvent, que d'un arrêt du développement de la hauteur de l'os, pendant sa croissance, au côté de la concavité » et non de la réduction d'une hauteur déterminée, déjà existante, de la vertèbre osseuse. « Du côté de la concavité, poursuit-il, le développement cartilagineux est entravé aux surfaces de pression : la vertèbre y reste donc basse, et en même temps, le cartilage y fait, par compensation, une saillie latérale. Du côté de la convexité il se produit, au contraire, un accroissement du développement cartilagineux. La formation osseuse endochondrale suit de près la forme cartilagineuse ainsi conditionnée et qu'elle conserve à la vertèbre osseuse. En même temps, et par suite de la forte pression qui s'exerce sur les parties vertébrales situées du côté concave, la masse spongieuse se condense et développe des trabécules épaisses, tandis qu'aux parties situées du côté convexe, elle présente, par suite de la susponsion de la pression, des mailles larges et des trabécules minces. » — « La substance spongieuse condensée est donc due moins (ou pas du tout) à une compression passive de la spongieuse déjà formée, qu'à une hypertrophie par activité ; la raréfaction, au côté opposé, doit être considérée comme une aplasie par inactivité. »

Au fond, ces explications concordent pleinement avec les

(1) Roux La loi de la transformation. Berl. Klin. Woch. l. c.
(2) Vol. II, pp. 48 et 49.

miennes. Roux constate qu'au côté concave, les trabécules deviennent plus grosses et les mailles plus resserrées, tandis qu'au côté convexe, les premières deviennent plus ténues et les secondes plus larges. Il ne parle pas non plus de « l'ostéite raréfiante », admise par les partisans de la théorie de la pression ; il ne parle que d'une « compression passive », conséquence de la pression.

En dehors de ce point, le plus important de tous, et sur lequel je suis heureux de tomber d'accord avec un auteur aussi éminent que Roux, je ne puis approuver les autres points que contiennent les passages cités.

L'expérience clinique nous apprend que la scoliose habituelle ne se développe, dans de nombreux cas, peut-être même dans la majorité des cas, que dans les années de puberté. A ce moment, la partie osseuse de la vertèbre a déjà atteint presque la même hauteur que chez l'individu adulte. Ce qui s'y ajoute encore, passé ce moment, par le fait de l'ossification du cartilage, est une quantité presque négligeable en comparaison de la partie osseuse déjà formée de la vertèbre. C'est néanmoins à cet âge que nous voyons se produire souvent les scolioses les plus prononcées et présentant des vertèbres cunéïformes très amincies au côté concave.

On ne peut, d'après cela, admettre avec Roux, que la vertèbre cunéïforme ne soit constituée le plus souvent que par un arrêt de développement et non par une réduction de sa hauteur, et qu'ensuite les conditions « du développement osseux succèdant au développement cartilagineux indépendant » puissent jouer un rôle dont il y ait lieu de tenir un grand compte.

Les remarques que je viens de faire au sujet de la scoliose qui se produit dans les années de puberté s'appliquent naturellement encore davantage aux scolioses qui se développent chez les adultes.

En outre, il n'est pas exact, non plus, de parler, avec Roux, « d'hypertrophie par activité », au côté concave, et « d'aplasie par inactivité » au côté convexe. Étant donné ce que nous avons dit plus haut, au sujet de la répartition des tensions de pression, de traction et de glissement, sur les côtés concave et convexe, il ne saurait être question au côté concave, au lieu

« d'activité et d'hypertrophie » tout simplement, que « d'activité accrue », et « correspondant à cela, de prédominance de la condensation sur la raréfaction » ; au côté convexe, au lieu « d'inactivité et d'aplasie », que « d'activité amoindrie » et de « prédominance de la raréfaction sur la condensation ».

Enfin, il est à remarquer que Roux n'a pas prouvé que l'os formé par la fonction se comportait à l'égard de la pression et de la suspension de la pression autrement que l'os de formation endochondrale. Il a oublié également de nous donner l'indication des limites locales et chroniques qui séparent les processus que l'augmentation et la suspension de la pression produisent dans l'os.

Schède (1) est le deuxième auteur qui s'est occupé de la pathogénie fonctionnelle des déformations. Lui aussi n'a encore pu rompre complètement avec la théorie de la pression.

Cet éminent chirurgien, sorti de l'école de Richard von Volkemann, reconnaît franchement, il est vrai, « qu'en présence du nombre considérable de preuves que J. Wolff, élargissant les théories de Virchow et de Volkemann, a apporté à l'appui de ce fait que les modifications intersticielles et les révolutions d'architecture les plus considérables et les plus étendues dans la structure intérieure des os ne se déclarent pas seulement à la suite de fractures, mais sont déjà provoquées par toute altération des conditions statiques dans lesquelles ces os sont appelés à fonctionner ; qu'en présence de ces faits, la théorie de Flourens-Schwalbe, du développement osseux purement appositionnel doit baisser pavillon ». Par cette déclaration, Schède prend très nettement position contre Roux, qui, avec la plupart des autres auteurs, se montre toujours très peu disposé à convenir que la théorie du développement osseux exclusivement appositionnel ne tient guère debout.

Schède élève toutefois deux objections contre les explications que j'ai fournies au sujet de la théorie de la pression et qui se rattachent étroitement aux opinions relatives à la question du développement des os.

En premier lieu, l'accroissement du développement en longueur, du radius luxé non réduit de l'enfant, devrait, selon

(1) Schède. La loi de la transformation des os Berl. Klin. Wochens. 1893, n° 25.

Schède, prouver que la suspension de la pression augmente le développement de l'os. A cela je répondrai que, dans les cas de luxation du radius, il s'agit de conditions qui doivent évidemment être assimilées aux phénomènes connus du « développement pathologique en longueur » ou « d'accroissement par irritation » des os, et qu'au surplus, la dite observation, relative au radius, n'est même pas soutenue par des observations analogues relatives à d'autres os également luxés et non réduits. Il faut en outre faire remarquer que la meilleure preuve de la faiblesse de la théorie de la pression pourrait bien effectivement résider en ceci, qu'il n'y a rien, si ce n'est cette observation, probablement mal interprétée et relative au radius, qui puisse être produit comme point d'appui à cette théorie.

Voici en quoi consiste la seconde objection de Schède : Il admet, à vrai dire, que, grâce à la préparation de genu valgum représentée dans les figures 9 et 10 et dans ma « Loi de la transformation des os » (fig. 78 et 79), la condensation augmentée au côté externe, celui de la pression augmentée, et la raréfaction au côté interne, celui de la suspension de la pression, sont démontrées. Mais il prétend que l'une et l'autre ne sont produites qu'après la guérison complète du processus pathologique, reposant sur le rachitisme tardif de Mikulicz, qui avait produit le genu valgum. On peut reconnaître dans la déformation, dit Schède, le produit, d'une part, de la diminution de la capacité de résistance des os (rachitisme, rachitisme tardif, etc.) et d'autre part le produit de la répartition inégale de la pression exercée. Dans les modifications que J. Wolff a découvertes dans l'architecture des os, on doit voir la réaction à la modification des conditions statiques où l'os est appelé à fonctionner, laquelle réaction répare jusqu'à un certain degré les troubles causés par les facteurs sus-nommés, mais elle n'entre en jeu que lorsque le processus de ramollissement est terminé et que les forces déformantes susdites ont déjà fait leur œuvre.

L'on voit que Schède, tout comme Roux, mais en parlant à tout autre point de vue, cherche à établir deux différents modes de production des déformations, convenant à des époques différentes et dont l'un est tout l'opposé de l'autre. Tant que le tissu cartilagineux demeure mou, il se transformerait suivant les indications de la théorie de la pression ; une fois l'affection fondamentale guérie, il se transformerait au contraire suivant un mode différent, suivant la loi de l'adaptation fonctionnelle.

Au début, l'os en voie de déformation subirait donc, suivant la théorie de la pression, une raréfaction aux points où la pression est augmentée et une condensation aux points où il y a suspension de la pression. Plus tard, ce serait tout le contraire. Après guérison de l'affection fondamentale, la traction et la pression, conformément à la loi de la transformation, produirait de la condensation ; la suspension de la pression, au contraire, de la raréfaction.

Schède croit qu'étant donné son hypothèse de deux différents modes d'action de la pression, on pourrait peut-être arriver à compromis entre ses opinions et les miennes. Cela est, à franchement parler, de toute impossibilité.

Ce serait faire violence à nos idées fondamentales sur la biologie que d'admettre que la pression augmentée produise tantôt de la condensation, tantôt de la raréfaction.

Je crois que Schède serait arrivé, comme moi, à comprendre que l'action organique des tensions de pression et de traction ne peut toujours et partout produire que la condensation de la substance osseuse et que l'action organique des tensions de glissement ne peut toujours et partout que produire la raréfaction de la substance osseuse, si cet auteur avait tenu compte, un peu plus qu'il ne l'a fait, de ce que j'ai dit sur le caractère erroné de la théorie admise jusqu'à ce jour de la guérison des fractures, et sur le caractère erroné des principaux points de la théorie du rachitisme admise jusqu'à ce jour (1).

Au « processus inflammatoire » qui se déclare à l'endroit de la fracture succède, comme je lai montré dans les cas de fractures, le « processus de transformation » qui, jusqu'à présent, avait passé complètement inaperçu. Ce processus ne s'observe pas seulement à l'endroit de la fracture, mais encore en même temps à tous les autres points de l'os fracturé, comme aussi, parfois, aux os voisins de ce dernier. Le début de ce processus de transformations ne date probablement que du jour où le patient fait les premières tentatives pour se servir à nouveau du

(1) La loi de la transformation des os, 6e partie, chap 2 et 3.

membre fracturé. Mais dès les premiers instants de son début, ce processus ne fait que servir l'adaptation fonctionnelle, par conséquent aux points de la tension de la pression et de la traction il ne produit jamais autre chose que de la condensation, comme aux points de la tension de glissement, il ne produit jamais autre chose que de la raréfaction.

Dans le rachitisme, l'ostéomalacie et le rachitisme tardif de Mickulicz, nous avons, au contraire, à distinguer l'un de l'autre « le processus de ramollissement » avec ses produits et « le processus de transformation » avec les siens. Dans ces affections, le processus de ramollissement donne lieu à des scolioses purement mécaniques, c'est-à-dire à des altérations primitives de la forme et aux troubles, déterminés par celles-là, du mode de fonctionnement.

Si donc Schède admet que, dans cette scoliose mécanique, il se produise quelque chose qui réponde à ce qu'enseigne la théorie de la pression, c'est-à-dire que la pression exerce une action raréfiante et la suspension de la pression une action condensante, il est dans l'erreur. L'inflexion scoliotique ne se produit pas autrement qu'à la flexion du bâton qui n'est pas assez solide pour supporter un poids normal et qui plie sous le fardeau.

Admettre une raréfaction de l'os au côté concave de l'os ramolli compris dans une scolise purement mécanique, ce serait aussi absurde que d'admettre, dans le bâton ployé, une raréfaction des fibres ligueuses à son côté concave, il deviendrait encore plus incapable de résister qu'il ne l'était auparavant.

A l'altération primitive de la forme, déterminée par la scoliose purement mécanique de l'os ramolli, viennent s'ajouter, par le fait du processus de la transformation, des révolutions secondaires de la forme et de l'architecture de cet os, et qui correspondent à l'altération de la fonction déterminée par l'altération primitive de la forme.

Alors que les deux processus — de ramollissement et de transformation — se succèdent dans les cas de fractures, ils coexistent, dans les cas de rachitisme et de rachitisme tardif, généralement dès le premier moment de la production de l'affection et demeurent actifs pendant toute la durée de celle-ci. Les jambes mécaniquement incurvées de tels rachitiques ne cessent jamais complètement de fonctionner. Ce n'est que grâce à ce fait que le processus de transformation se déclare avec le premier moment du début de l'incurvation : qu'il produit au côté concave, au côté de la pression augmentée, une augmentation de la condensation osseuse, et que par là il rétablit aussitôt le pouvoir de résistance amoindri par le processus de ramollissement ; qu'un enfant affecté d'une scoliose rachitique de la jambe ou un apprenti boulanger en train d'acquérir un genu valgum sont en mesure de se servir d'une façon ininterrompue de leurs jambes soit pour marcher, soir pour se tenir debout. Si, comme le croit Schède, le processus de transformation n'entrait en scène que lorsque le processus de ramollissement est terminé, il faudrait que tous les enfants rachitiques, à os longs scoliotiques, gardassent le lit pendant des années, et que les apprentis boulangers le gardassent aussi pendant toute la durée de l'existence supposée de leur rachitisme tardif.

L'on voit que ce que nous enseigne la théorie de la pression ne saurait s'appliquer ni au processus de ramollissement, ni au processus de transformation, qui débute en même temps que l'autre. Dès lors, l'hypothèse de deux différents modes d'action de la pression ne saurait se soutenir. De plus, la théorie de la pression se trouve n'être applicable à aucune des phases du rachitisme, du rachitisme tardif, ou de l'ostéomalacie et de l'ostéomalacie locale.

Et de plus, hypothèse de deux différents modes, se succédant à une époque déterminée, des effets de la pression dans la production de déformations ne saurait, au reste, être admise pour cette raison que, même si l'on accorde que le rachitisme tardif hypothétique peut-être une cause possible de la production de beaucoup de déformations, il est cependant hors de doute que de jeunes sujets, et parfois des individus adultes, peuvent acquérir des déformations, même si chez ces individus le tissu osseux présente une constitution certainement normale. Parmi les nombreux exemples de déformations d'individus adultes, que je pourrais citer, il me suffit de rappeler le genu valgum accidentel dû à des lésions des extrémités articulaires du fémur ou tibia ; le pied bot accidentel produit à la suite de lésions, les transformations qui, dans les cas de fractures de la diaphyse d'individus adultes, même séniles, se manifestent aux extrémités articulaires très distantes de l'endroit de la fracture de l'os et, dans les cas de pseudarthroses du tibia, au péroné voisin demeuré intact ; la scoliose à la suite d'empyème, ainsi que la cyphose des portefaix et des vieillards.

Dans toutes ces déformations, l'ostéomalacie ne comporte pas de phases, et c'est pour cette raison qu'il ne nous reste qu'à abandonner tout simplement l'hypothèse de deux différents modes d'action de la pression et de la suspension de la pression.

Nous arrivons maintenant aux objections formulées par Korteweg (1) contre la théorie de la pathogénie fonctionnelle des déformations.

Comme Schède, Korteweg se place tout d'abord de mon côté en ce qui concerne le genu valgum « vieux consolidé », qui lui sert d'exemple dans ses démonstrations.

Lorsqu'un patient, affecté d'un genu valgum, est « las de souffrir », qu'il renonce enfin à « ses occupations habituelles » et qu'au lieu « de continuer de maltraiter l'articulation de ses genoux », il commence « à laisser » fonctionner réellement et bien « les os et les ligaments », « les diverses parties de l'articulation » maltraitées jusque-là par le patient « se consolident de nouveau par le fait de cette fonction ». Les « parties les plus utilisées sont alors le mieux nourries et le plus renforcées ». Les os deviennent « étonnamment solides » et les ligaments prennent un développement « énorme ». Les « condyles externes (et les ligaments internes), précisément parce qu'ils fonctionnent le plus énergiquement, deviennent alors, à cause des statiques, beaucoup plus forts qu'à l'état normal, extraordinairement solides et denses ».

Un vieux genu valgum semblable est « parfois suffisant à tous les égards ».

Or, suivant Korteweg j'aurais « confondu, à tort, le vieux genu valgum consolidé et le genu valgum douloureux en voie de formation ».

(1) Korteweg. Les causes de la malformation osseuse orthopédique. Zeits. f. orth. chirurgie. vol. II, 1893, pp. 174 et suivantes et pp. 180, 251 et 260.

Et il se propose de montrer, à l'aide de ce dernier, que ce que j'ai « fait connaître sur la structure intérieure de l'os peut très bien être mis d'accord avec la théorie de la pression ».

Dans des conditions normales, la fonction des os et des ligaments amène à ceux-ci une quantité suffisante de matière nutritive. Mais dès qu'une pression permanente ou une traction permanente est exercée sur les os, il manque « une force extérieure se modifiant continuellement et la modification y correspondant de la tension intérieure, ce qui entrave le mouvement de la matière nutritive ou l'afflux de celle-ci ». Il s'ensuit le ramollissement et la raréfaction du tissu comprimé ou tiré d'une façon permanente, et cette raréfaction conduit à la production de la déformation.

En prenant encore comme exemple le genu valgum, Korteweg cherche à montrer que l'articulation du genou, « maltraitée par l'action permanente du poids du corps, souffre dans son tissu osseux tout comme dans ses ligaments. » — « Ceux-ci et surtout le ligament interne, perdent leur élasticité normale. L'articulation est branlante. Le condyle interne s'affecte le plus, se ramollit le plus et cède à la pression. »

« C'est ainsi que, comme conséquence immédiate de ma façon de comprendre la fonction normale des os », plus exacte que la mienne, « la théorie de la pression, avec les belles explications qu'elle pouvait fournir dans les diverses affections orthopédiques, reprend ses droits. »

J'ai déjà eu l'occasion de montrer, il y a quelque temps, que Korteweg se trompe au sujet des conditions dans lesquelles s'effectue l'adduction normale de la matière nutritive, et, par conséquent aussi, au sujet des conclusions à tirer de l'adduction normale à l'adduction anormale. Roux a établi que c'est aller contre les faits que de faire dépendre une nutrition passive uniquement de l'adduction de la matière nutritive. Dans la nutrition il y a, au contraire, de la part des parties nourries, choix tant sous le rapport de la qualité que sous celui de la quantité, et l'adduction du sang est réglée suivant les besoins du point de consommation. L'hyperémie fonctionnelle n'est, là où elle se produit, nullement la cause de l'hypertrophie fonctionnelle, mais elle n'en doit être considérée que comme une condition préalable favorable, mais peut-être pas toujours absolument nécessaire.

Quant à la production des déformations, Korteweg, comme Schède, admet qu'elle comporte deux différents modes se succèdant à époque fixe et que, par conséquent, la pression produit tout d'abord de la raréfaction, dans le genu valgum branlant et douloureux, puis de la condensation, dans le vieux genu valgum.

L'opinion des deux auteurs diffère cependant en ceci, que Schède considère l'ostéomalacie comme le principe de tout cas de déformation, tandis que Korteweg est d'avis que l'ostéomalacie de la première phase n'existe pas en principe, qu'elle est produite plutôt par « l'action permanente du poids du corps » par laquelle le patient « maltraite ses os et ses articulations et les prive de matières nutritives. »

Cette manière de voir est aussi incompréhensible et n'est pas moins dénuée de preuves que l'opinion correspondante du même auteur qui affirme que l'ostéomalacie se guérit simplement par ce fait, que le patient commence enfin « à laisser fonctionner ses os réellement et de la bonne manière. »

Arrivons aux objections de Lorenz.

Cet auteur dit, en parlant de la théorie de la pression, qu'elle a « bien compris la nature du processus déformant des os, mais qu'elle l'a insuffisamment caractérisée » (1).

Tous les autres développements correspondent au sens obscur de ces mots.

Lorenz commence par accepter tous les points essentiels sur lesquels se pose ma critique de la théorie de la presssion.

Il dit textuellement (2) : « L'os réagit à une pression unilatérale persistante par une hypertrophie primitive des trabécules astreintes à une plus grande activité fonctionnelle et par une atrophie primaire des trabécules mises hors de fonction au côté de la suspension de la pression. » Ailleurs, il dit (3) : « Lorsque l'irritation trophique de la fonction ranime et élève l'activité vitale d'un organe, la nature y répond par une hypertrophie pri-

(1) Lorenz. La production des déformations osseuses. Wiener med. Wochenschrift, 1893. nos 11 et 12, p. 218.

(2) Id.

(3) Id.

maire des éléments du tissu qui président à cette fonction. Le muscle astreint à une activité fonctionnelle plus grande, est frappé d'hypertrophie primaire tout comme la trabécule osseuse qui fonctionne plus activement ou comme la glande soumise à une suractivité fonctionnelle persistante. » Au contraire, « l'os qui n'est pas constamment soumis dans toutes les directions à la pression et à la traction est fatalement frappé d'atrophie, tout comme le muscle au repos ou la glande en activité. »

Se rapportant directement à mes recherches anatomiques, qui forment la base de ces considérations, il dit plus loin (1) : « En tout cas, il est établi par les recherches anatomiques, que les trabécules tombant en cas de modifications de la pression, dans la direction de la plus grande pression s'hypertrophient par suite de l'augmentation de leur activité fonctionnelle, tandis que les trabécules en inactivité fonctionnelle sont frappées de raréfaction. »

Par une préparation de genu valgum (fig. 9 et 10), Lorenz a pu se convaincre de ce fait que « dans le genu valgum, il se produit au côté latéral, concave, de la déformation, qui est astreint à fonctionner le plus fort, un épaississement de la paroi de la diaphyse, une apposition abondante de substance spongieuse avec trabécules plus forts et par là même un déplacement excentrique de la cavité médullaire, tandis qu'au côté externe convexe de la déformation, astreint à fonctionner moins activement, on trouve un amincissement de la paroi de la diaphyse et une raréfaction du réseau spongieux. »

Enfin, en raison de la néoplasie formelle d'un fragment osseux, signalée par Hoffa et Albert, au point de la vertèbre cunéiforme où s'exerce la plus grande pression, Lorenz (2) admet qu'il ne saurait être là question de raréfaction, en tant que la réduction de la hauteur de ce côté de l'os se combine avec un élargissement de ce même côté.

Cependant, malgré tout cela, poursuit Lorenz, la théorie de la pression n'est pas absolument fausse; elle n'est qu'incomplète et même, mes constatations ne seraient rien autre qu'une con-

(1) Lorenz. La transformation des os, Schnitzler's Klin. Zeit- u. Streitfragen. Wien 1893. VII, 3, p. 95.

(2) Wien. Klin. Wochenschr, l. c. p. 218.

firmation de la théorie de la pression. « Je ne puis voir dans les recherches de Wolff, dit-il que des preuves de la vérité de la vieille et jusqu'ici incomplète théorie de la pression », dont il se déclare un partisan fidèle.

Et il cherche à démontrer qu'en approuvant ma critique de la théorie de la pression, il n'avait en vue que l'architecture intérieure et la forme intérieure, non pas la forme extérieure des os; mais il oublie qu'il a lui-même reconnu exact l'élargissement du côté concave de la vertèbre scoliotique, par conséquent un fait concernant, plus que tout autre, la forme extérieure de la vertèbre scoliotique.

Bien que Roux et moi, ayons fait la démonstration de l'harmonie exactement mathématique entre la forme extérieure et l'architecture intérieure, Lorenz prétend que la forme extérieure et l'architecture intérieure ne se correspondent pas.

Si donc la théorie de la pression est dans l'erreur en ce qui concerne l'architecture intérieure et la forme intérieure des os, elle n'en est pas moins, « complétée par Lorenz », juste en ce qui concerne la forme extérieure des os.

La part complémentaire qu'y apporte Lorenz consisterait suivant lui en ceci : qu'il se produit une « atrophie primaire » au côté déchargé d'un os en voie de déformation et une « atrophie secondaire » au côté surchargé.

L'impression totale, dit Lorenz, que produit le côté qui supporte la plus forte pression est, bien qu'il soit plus compact et plus dense et même plus élargi, « celle d'une très forte atrophie. »

La dernière cause de la déformation des os subissant une pression unilatérale persistante ne serait autre que l'atrophie. Celle-ci serait déterminée, du côté de la plus forte pression, par « le pouvoir de la nature de réagir » contre les irritations trophiques de la fonction. Ce pouvoir est susceptible de s'épuiser. Il y a finalement des limites à l'hypertrophie primaire, et par conséquent, « toutes les fois que la pression exercée dépasse une certaine mesure, le pouvoir de réagir ne peut plus répondre à l'irritation extrême » et enfin se déclare « l'insuffisance de l'adaptation fonctionnelle », qui conduit à la « formation cunéiforme. »

Lorenz ne cherche pas à nous faire la preuve de ce qu'il avance par des recherches microscopiques ou histologiques sur les os — car il n'en a pas fait — mais par certaines analogies impropres, notamment par l'analogie du myocarde surchargé.

Le myocarde surchargé ne « s'hypertrophie » pas non plus « à l'infini », mais il se développe finalement de « l'atrophie et de la raréfaction des fibres musculaires » et alors la mort du patient s'ensuit. De là découle d'après Lorenz, la loi générale de toute la vie organique : « nous vivons à en mourir et en mourant, nous donnons la preuve de l'impuissance de la nature à répondre, au delà d'une mesure fixée par des lois éternelles, aux irritations trophiques de la fonction. Bref, en mourant, nous faisons la preuve de l'insuffisance de l'adaptation. »

Je ne pourrais que répéter ici ce que j'ai déjà dit ailleurs pour qualifier ces explications qui ne tiennent pas debout. Lorenz aurait pu y ajouter avec tout autant de raison et d'à-propos : « En mourant nous faisons la preuve que notre cœur cesse de battre, nos poumons de respirer et notre cerveau de penser. »

En résumé, Lorenz admet un double mode de production des déformations. Dans la première phase, la déformation s'effectuerait d'après la loi de la transformation ; dans la deuxième phase, celle de déformations graves, d'après la théorie de la pression. Quant à savoir où cesse la première phase et où commence la deuxième, Lorenz ne risque même pas une hypothèse.

Suivant cet auteur, il y aurait même encore, sous un autre rapport, un double mode de production de déformations : la déformation de l'architecture intérieure et de la forme intérieure des os s'opérerait d'après la loi de la transformation ; la déformation de la forme extérieure, au contraire, d'après la théorie de la pression.

Nous arrivons à Ghillini, le dernier des cinq auteurs susnommés.

Cet auteur a imaginé une nouvelle sorte de double mode de production de déformations.

« L'augmentation de la pression », dit Ghillini (1), détermine aux épiphyses une « raréfaction ou un affaiblissement du développement des os », à la diaphyse, au contraire, « une croissance. »

(1) Ghillini. Recherches expérimentales sur l'irritation mécanique du cartilage des épiphyses. V. Langenberks Archiv., vol. 46, 4e livr. — Le même : Déformations osseuses expérimentales. Ibidem, vol. 52, 4e livr.

A en croire cet auteur, les diaphyses obéiraient à la loi de la transformation, les épiphyses, au contraire, seraient soumises à la théorie de la pression.

Dans le compte-rendu de ses expériences concernant la signification du cartilage des épiphyses, expériences répétées, depuis du Hamel, par de nombreux auteurs, notamment par Ollier, Bidder, Helferich et moi-même, Ghillini dit textuellement :

« La diaphyse scoliotique du tibia présentait des altérations de la forme et du diamètre, car les angles étaient plus aigus, et au côté latéral, la paroi osseuse était plus épaisse qu'à l'état normal. Ces modifications de la diaphyse correspondent exactement à ce qu'affirme Wolff, c'est-à dire que la substance osseuse s'était augmentée au côté où s'exerçait la plus forte pression et la plus forte traction. Dans les épiphyses, au contraire, on trouvait de l'atrophie aussi bien au côté de la traction qu'au côté de la pression. »

Il ajoute : « Aux épiphyses où la force des ligaments articulaires oppose de la résistance à la pression et à la traction, l'augmentation de la pression et de la traction ne peut avoir les conséquences graves qui pourraient se produire aux diaphyses, et cela fait que cette augmentation cause seulement des troubles dans les parties de l'os qui président à la naissance en longueur de ceux-ci, c'est-à-dire dans les cartilages, et détermine la raréfaction de la substance osseuse des épiphyses. »

Les raisons de l'hypothèse de Ghillini de « l'atrophie » des épiphyses d'os en voie de déformation, tant au côté de la suspension de la pression qu'au côté de la pression exagérée, sont naturellement tout aussi peu solides que celles sur lesquelles Lorenz base son atrophie « primaire » et « secondaire. »

Ghillini cherche à démontrer le bien fondé de son hypothèse de l'atrophie d'abord par ses propres recherches microscopiques et ensuite par la figure d'une préparation de genu valgum qui se trouve dans mon ouvrage sur la Loi de la transformation des os, (fig. 82).

Voici en quoi consiste ses recherches. Il avait pris un lapin et lui avait enfoncé un clou en ivoire dans le cartilage de l'épiphyse de l'extrémité supérieure du tibia. Il en était résulté un amoindrissement unilatéral de la croissance de l'épiphyse ainsi que la position en genu valgum du tibia qui y correspond, avec toutes les transformations de la diaphyse de l'os que j'ai décrites. Huit mois après l'exécution de cette expérience, il trouva que la substance osseuse de l'épiphyse supérieure était bien plus faible et l'espace médullaire beaucoup plus large qu'au côté sain (1).

D'où résulterait « l'atrophie aussi bien au côté de la pression qu'au côté de la traction. »

Ghillini ne nous dit même pas si la préparation ayant servi à l'examen microscopique provenait du côté allégé ou du côté surchargé ; il ne dit même pas s'il a examiné les deux côtés. Il ne tient pas compte non plus de ce fait, que cette préparation présentait des conditions pathologiques qui avaient été déterminées par l'action du clou d'ivoire et qu'il s'agissait donc d'une préparation d'où l'on ne saurait tirer des conclusions relatives à la production des déformations, au sens étroit du mot.

Quant à la préparation du genu valgum, figurée dans mon ouvrage et dont Ghillini s'est servi comme moyen de démonstration de son « atrophie », voici ce qu'il en est. Elle provient de la collection de la clinique de Billroth, de Vienne et présente les mêmes transformations que celles qu'on voit dans les préparations de genu valgum représentées par les figures 78, 79 et 81, à savoir : les transformations de la couche corticale, les prolongements des régions spongieuses au côté concave, l'excentricité de la cavité médullaire, les transformations de la forme extérieure du tibia et la constitution du nouveau système de trajection, adaptés à la forme modifiée. La condensation de la portion spongieuse, au côté concave, y existe également, bien que moins nettement prononcée, notamment au fémur, que dans les préparations de genu valgum que représentent les figures 78, 79 et 81.

Donc, lorsque Ghillini dit que « l'on ne peut pas remarquer une grande différence dans la substance osseuse, des deux côtés de l'épiphyse supérieure du tibia et des condyles du fémur », et notamment le condyle interne, sont amincis, il fait voir qu'il n'a pas examiné la préparation en question avec l'attention qu'il eût fallu y apporter. Pour s'en convaincre, on n'a qu'à jeter un

(1) L. c., fig. 10 et 11.

coup d'œil sur la figure et à constater notamment le prolongement des régions spongieuses au côté concave.

Ceci est d'autant plus significatif, pour les explications de Ghillini, que celui-ci ne souffle mot de mes figures 78, 79 et 81, qui montrent clairement les puissantes condensations de la portion spongieuse, au côté concave, et non moins clairement par où pèche sa théorie de l'atrophie.

Après avoir fait connaître les objections qu'a soulevées ma théorie de la pathogénie fonctionnelle des os, il me reste à les résumer en un coup d'œil rétrospectif. Nous avons vu que chacun des cinq auteurs cités admet la justesse de ma théorie pour certaines périodes de la production de la déformation et pour certains points de l'os en voie de déformation, mais que, de l'avis de tous les cinq, la théorie de la pression conserve ses droits en ce qui concerne certaines périodes de production en certains autres points des os. Chacun d'eux a admis un double mode de production des déformations; celles-ci se produiraient tantôt d'après la loi de la transformation, tantôt d'après la théorie de la pression. Étant données les explications fournies par les auteurs, on ne saurait avoir que peu de confiance au sujet de l'exactitude de l'existence d'un pareil mode de production des déformations.

En effet, si l'augmentation de la pression exercée sur la substance osseuse produisait, à tels points et à telles périodes, de la condensation de la substance osseuse, il faudrait qu'il y eût évidemment des époques et des points de transition où l'augmentation de la pression ne déterminerait ni raréfaction, ni condensation.

En admettant l'hypothèse d'un double mode, les auteurs eussent dû l'appuyer sur l'examen de préparations d'os, et la preuve de l'existence de ce mode eût demandé, avant tout, qu'ils fixassent les lignes ou les périodes qui séparent la fin d'un mode du commencement de l'autre.

A tout cela vient encore s'ajouter ce fait curieux que chacun des dits auteurs reconnaît un double mode d'espèce toute différente.

D'après Roux, la loi de la transformation ne s'applique qu'à la période de la croissance osseuse, effectuée par la fonction, et non à la croissance osseuse succédant à une croissance cartilagineuse précédente. Suivant Schède, elle ne s'applique qu'à la période où les conditions de ramollissement, déformant de l'os, n'existent plus. D'après Korteweg, elle s'applique seulement à l'époque où le patient a cessé de faire ramollir l'os en voie de déformation, en le soumettant à une pression défectueuse. Pour Lorenz, c'est juste le contraire. A son avis, la loi de transformation s'applique aux époques initiales de la production des déformations, et encore des déformations légères et non des déformations plus graves, c'est-à-dire, aux seuls cas où la pression exercée par le poids ne dépasse pas une certaine mesure au-delà de laquelle le pouvoir de réaction de la nature ne peut plus répondre à l'irritation trophique de la fonction. Il pense, en outre, qu'elle ne s'applique pas à la forme extérieure des os, mais seulement à l'architecture intérieure et à leur forme intérieure. Suivant Ghillini, elle s'applique aux diaphyses, mais non pas aux épiphyses des os.

L'on voit par ce qui précède, qu'il serait difficile de dire quel auteur il conviendrait de croire et de suivre, et qu'en formulant des objections contre ma théorie, chacun de ces auteurs eût bien fait de présenter en même temps la défense de sa façon particulière de comprendre le mode de production des déformations.

V. Les confirmations, par d'autres auteurs, de la théorie de la pathogénie fonctionnelle des déformations

En dehors des auteurs qui ont adopté plus ou moins partiellement la théorie de la pathogénie fonctionnelle des déformations, il en existe un certain nombre d'autres qui l'ont entièrement approuvée.

Nous trouvons tout d'abord, dans la littérature spéciale, plusieurs confirmations de ma démonstration des transformations de l'architecture intérieure des os comme une conséquence des modifications de leur forme extérieure. C'est ainsi que ces transformations ont été constatées par Lavenstein (1) et plus tard

(1) Lavenstein, dans v. Laugenbeck's Archiv., vol. 40, 1890, p. 244 et s., pl. V.

par Schultz (1), dans la scoliose du col du fémur de Müller.

Ribbert (2), dans son grand ouvrage sur l'ostéomalacie, parle aussi « de la structure osseuse dépendant de la fonction et qui s'observe, dans certaines conditions pathologiques, au fémur et sur d'autres parties du squelette. »

D'autres auteurs admettent les transformations de la forme extérieure des os dans les cas de troubles pathologiques de leur fonction. C'est ainsi qu'ils confirment directement ma théorie.

C'est notamment Hoffa (3) qui, dans son Traité de chirurgie orthopédique, de même que dans son mémoire sur l'anatomie pathologique de la scoliose, est tout à fait d'accord avec moi sur les points essentiels de ma théorie.

Ensuite, A. Graf, dans ses recherches sur les os à scoliose rachitique, en est arrivé aux conclusions suivantes, en ce qui concerne aussi bien l'architecture intérieure et la forme intérieure, que la forme extérieure de ces os :

« Le résultat de nos recherches confirment pleinement les affirmations de J. Wolff. » — « Les deux processus, le processus pathologique spécifique et le processus de transformation, qui suivant Wolff, se produisent dans l'os rachitique, se déclarent simultanément; les deux coexistent pendant la phase active, souvent très longue. Mais ce que nous voyons dans notre préparation, c'est un os sclérosé, ce n'est plus du rachitisme, c'est purement et simplement un produit de transformation, auquel le rachitisme n'a fourni qu'un facteur étiologique. » — « S'il existait encore un doute sur la justesse de la théorie de Wolff, la disposition neutre des trabécules où la pression et la traction se rencontrent, même dans des os pathologiquement modifiés, le lèverait aussitôt. » — Dans le genu valgum, « le condyle externe du fémur répond par l'hypertrophie à l'irritation trophique de la fonction. »

Enfin Peters (4), dans ses recherches sur le bassin coxalgique et la synostose de l'articulation ilio-sacrée, est arrivé à cette

(1) Julius Schultz. Casuistique des scolioses du col du fémur. Leitschr. f. orth. chirurgie, vol. 1, 4891, p. 55 et s.

(2) Ribbert. Recherches anatomiques sur l'ostéomalacie Bibliotheca medica, 1893. 2e liv.

(3) Voir Verhaudl. der Würzburger phys. med. ges. l. c.

(4) Peters. Contr. à la théorie du bassin coxalgique, etc. Arch. f. gynækologie de Guerow et Léopold. Vol. 50, pp. 433-472.

conclusion que « les synostoses ilio-sacrées, comme les ankyloses d'autres articulations, présentent une structure osseuse adaptée à des conditions statiques anormales. »

« Me rapportant aux recherches de Wolff et à sa loi de la transformation, je puis dire, ajoute-t-il, que l'os a perdu sa structure normale et qu'il en a reçu une autre répondant aux besoins fonctionnels et statiques modifiés. » — « Nous sommes donc autorisé à considérer, avec Wolff, la déformation comme l'expression de l'adaptation fonctionnelle de la forme osseuse à la modification des conditions statiques où l'os déformé est appelé à fonctionner. »

L'on voit que la théorie de la pathogénie fonctionnelle des os est en bonne voie et qu'elle promet par son début. Et c'est pourquoi j'ai bon espoir qu'à l'avenir, l'intérêt qu'elle présente ira toujours grandissant, comme le nombre de ses partisans. Cela serait à souhaiter, surtout étant donné le haut intérêt pratique qui s'attache à la question que nous venons de traiter.

Car la théorie de la pathogénie fonctionnelle des déformations représente le fondement de la théorie de l'orthopédie fonctionnelle, théorie qui — comme j'espère le montrer ailleurs et d'une façon plus approfondie que je ne l'ai fait jusqu'à présent — nous conduit à une conception nouvelle, dans tous leurs points essentiels, des problèmes que nous avons à résoudre dans le traitement et la guérison des déformations et qui nous permet d'obtenir à cet égard des succès plus grands que ceux acquis jusqu'à ce jour.

Bar-sur-Aube, Typ. et Lith. A. Lebois

www.ingramcontent.com/pod-product-compliance
Ingram Content Group UK Ltd.
Pitfield, Milton Keynes, MK11 3LW, UK
UKHW031056260726
13965UKWH00006B/1414

9 782013 026130